AF397313

MINISTÈRE DE L'AGRICULTURE

DIRECTION
DE L'HYDRAULIQUE ET DES AMÉLIORATIONS AGRICOLES

RAPPORT

SUR L'EXPLORATION SOUTERRAINE HYDROLOGIQUE

DES PYRÉNÉES EN 1908

PAR

M. E.-A. MARTEL

MEMBRE DU CONSEIL SUPÉRIEUR D'HYGIÈNE PUBLIQUE DE FRANCE
COLLABORATEUR DE LA CARTE GÉOLOGIQUE DE FRANCE

(Extrait des *Annales*. — Fascicule 38)

PARIS

IMPRIMERIE NATIONALE

1910

RAPPORT

SUR L'EXPLORATION SOUTERRAINE HYDROLOGIQUE
DES PYRÉNÉES EN 1908

MINISTÈRE DE L'AGRICULTURE

DIRECTION
DE L'HYDRAULIQUE ET DES AMÉLIORATIONS AGRICOLES

RAPPORT

SUR L'EXPLORATION SOUTERRAINE HYDROLOGIQUE
DES PYRÉNÉES EN 1908

PAR

M. E.-A. MARTEL

MEMBRE DU CONSEIL SUPÉRIEUR D'HYGIÈNE PUBLIQUE DE FRANCE
COLLABORATEUR DE LA CARTE GÉOLOGIQUE DE FRANCE

(Extrait des *Annales.* — Fascicule 38)

PARIS
IMPRIMERIE NATIONALE

1910

RAPPORT

SUR L'EXPLORATION SOUTERRAINE HYDROLOGIQUE
DES PYRÉNÉES EN 1908,

PAR

M. E.-A. MARTEL,

MEMBRE DU CONSEIL SUPÉRIEUR D'HYGIÈNE PUBLIQUE DE FRANCE,
COLLABORATEUR DE LA CARTE GÉOLOGIQUE DE FRANCE.

Par dépêche en date du 2 juillet 1908, M. le Ministre de l'agriculture a bien voulu me confier la mission d'entreprendre une série d'explorations souterraines hydrologiques dans les départements de la Haute-Garonne, des Basses-Pyrénées et des Hautes-Pyrénées. Le programme proposé, pour cette mission, à la 8ᵉ section du Comité d'études scientifiques institué près la Direction de l'hydraulique et des améliorations agricoles, à la date du 12 novembre 1907, a été intégralement rempli du 22 juillet au 1ᵉʳ septembre 1908.

Le concours le plus dévoué et le plus efficace a été prêté à cette entreprise par :

MM. E. FOURNIER, professeur de géologie à la Faculté des sciences de l'Université de Besançon, collaborateur de la carte géologique de France;

M. LE COUPPEY DE LA FOREST, ingénieur des améliorations agricoles, etc., collaborateur de la carte géologique, auditeur au Conseil supérieur d'hygiène publique;

LUCIEN RUDAUX, météorologiste et dessinateur;

Dʳ L. JAMMES, professeur adjoint à la Faculté des sciences de l'Université de Toulouse;

Dʳ E. MARÉCHAL, chef du service de bactériologie de l'Université de Besançon;

Dʳ RENÉ JEANNEL, attaché au laboratoire Arago à Banyuls-sur-Mer (Pyrénées-Orientales);

P. ORTET, juge de paix à Salies-du-Salat (Haute-Garonne);

A. VÉÏSSE, pharmacien à Mauléon, membre du Conseil d'hygiène départemental des Basses-Pyrénées;

BOURGEADE, percepteur à Mauléon;

A. TROLLER, ancien élève de l'École polytechnique, ingénieur-électricien;

CAMILLE DUFAU, à Mauléon;

ARNAUD BOUCHET, maire de Licq-Atherez (Basses-Pyrénées).

Chacun de ces précieux collaborateurs a fourni le plus utile appoint, tant à l'ensemble des recherches qu'aux questions spéciales relevant de sa personnelle compétence.

Le rapport détaillé qui va suivre expose les résultats de notre travail; il faut observer que ces résultats, pour la plupart, ne doivent pas être considérés comme des conclusions définitives, comme des solutions fermes, comme des sujets épuisés, bien loin de là, mais simplement comme des données préliminaires, des éléments d'enquête, des matériaux d'informations nouvelles ; pour leur utilisation ultérieure, des études de détail devront être poursuivies plus ou moins longuement, et séparément pour chacun des problèmes ou projets qui vont se trouver ci-après posés ou esquissés.

Il va sans dire que je n'entrerai dans aucun détail d'ordre descriptif ou anecdotique ; la majeure partie de nos entreprises a présenté à souhait toutes les difficultés et complications particulières aux investigations souterraines, spécialement pénibles et coûteuses dans les montagnes ; cependant aucun accident n'est survenu, grâce à l'entraînement et aux capacités des collaborateurs choisis; et, sauf une exception aux Eaux-Bonnes, nous avons eu en général à nous louer du bon vouloir des auxiliaires locaux requis pour les transports, ravitaillements et manutentions techniques.

Nos observations se répartissent naturellement en cinq divisions régionales :

I. *Massif calcaire de Pène-Blanque*, à Arbas, canton d'Aspet (Haute-Garonne);

II. *Région de la grotte de Gargas* (Hautes-Pyrénées);

III. *Grotte de Bétharram* (Hautes et Basses-Pyrénées);

IV. *Vallée d'Ossau* (Basses-Pyrénées);

V. *Pays de Soule* (partie orientale du pays basque), ou haut bassin du Saison (Gave de Mauléon, Basses-Pyrénées).

I. Massif calcaire de Pène-Blanque à Arbas [1].

(Haute-Garonne).

Le massif de Pène-Blanque ou de la forêt d'Arbas se trouve à 7 kilomètres S. E. du chef-lieu de canton d'Aspet (arrondissement de Saint-Gaudens, Haute-Garonne). D'après la récente *carte géologique provisoire de la partie orientale des Pyrénées* au 1/320,000 par M. Léon Bertrand [2], c'est un losange de terrain secondaire (jurassique et liasique) surmonté de calcaire crétacé (urgo-aptien), et presque entièrement entouré, à sa base, de schistes (sériciteux ou cristallins) sur lesquels reposent les terrains sédimentaires.

Les grottes de ce massif avaient été étudiées en 1873, mais surtout aux points de vue botanique, paléontologique et préhistorique par C. Filhol, le Dr E. Jeanbernat et E. Timbal-Lagrave [3], d'après lesquels les éditions 1882-1883 du *Guide Joanne*, Pyrénées (p. 389-393) et 1895 (p. 395-398) donnaient des détails assez circonstanciés; mais l'édition 1907 de ce guide ne se borne plus qu'à cette brève mention :

«D'Arbas on peut gravir en trois heures le pic de Paloumère (1,610 mètres), point culminant du pittoresque massif d'Arbas.... On peut aussi visiter la grotte de Pène-

[1] Du 22 au 30 juillet. Collaborateurs : MM. Rudaux, Dr Jammes, Jeannel, Ortet. Chef d'équipe local : M. Loubet (d'Arbas).

[2] *Bulletin des services de la carte géologique*, n° 118, 1907, modifié sur Arbas par une note aux C. R. Ac. Scie., du 19 octobre 1908, et par L. Carez. C. R. Soc. géologique, 27 juin 1910, p. 126.

[3] Exploration scientifique du massif d'Arbas (Haute-Garonne), *Bul. de la Société des Scie. phys. et natur. de Toulouse*, II, p. 367-477 et 2 pl., 1874-1876.

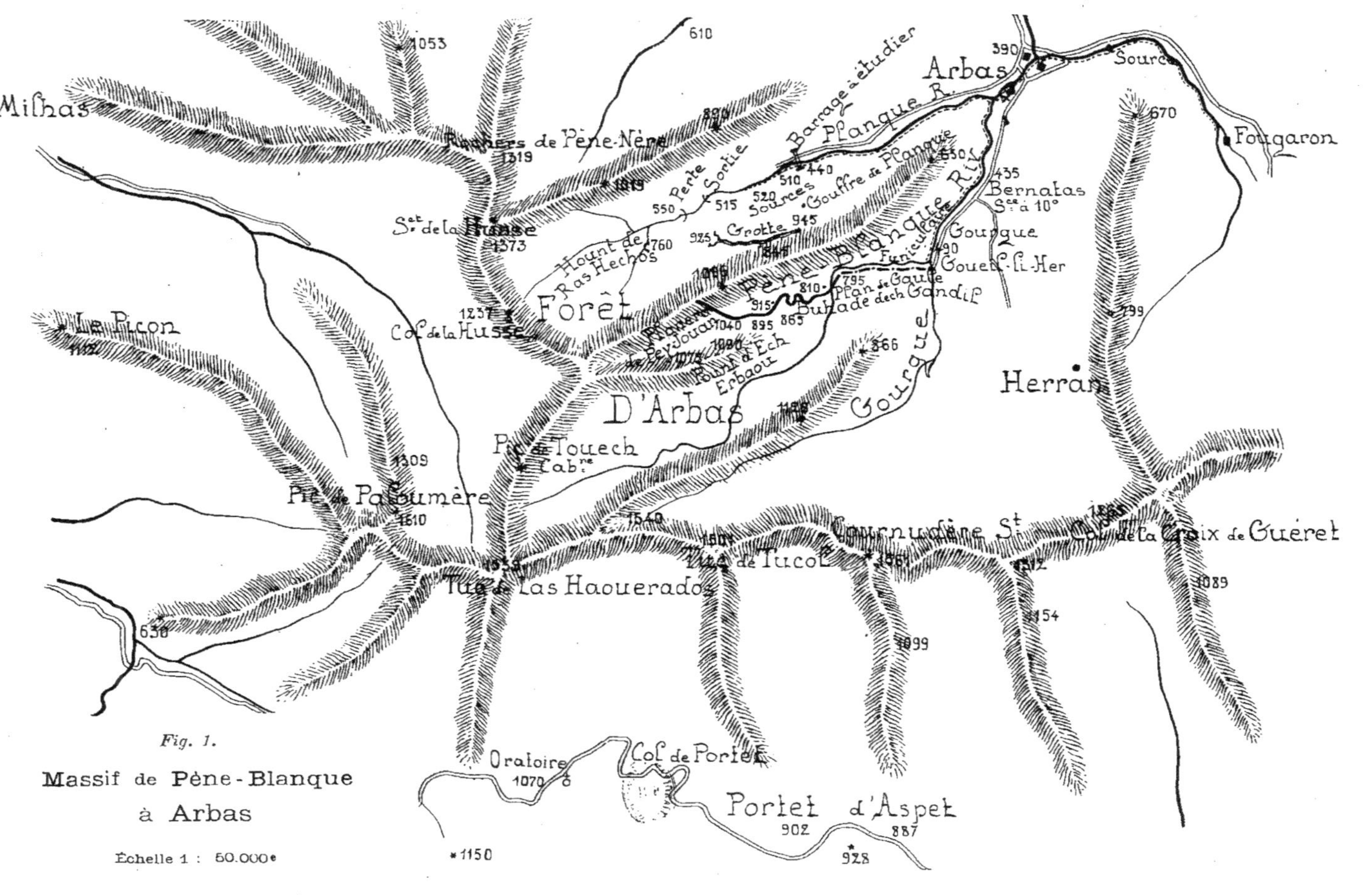

Fig. 1.

Massif de Pène-Blanque
à Arbas

Échelle 1 : 50.000e

Blanque ouverte à 800 mètres environ d'altitude, sur le revers nord et à la base du mail de Pène-Blanque (1,096 mètres)... guide et lanterne nécessaires. »

En 1907, le regretté Félix Regnault [1] et M. Ortet m'avaient signalé que plusieurs autres cavités dignes d'examen et non visitées encore existaient dans le massif.

En huit jours en effet, nous avons pu y inspecter sept grottes, abîmes et émergences (dont quatre seulement incomplètement examinés par l'expédition de 1873) qui ont révélé ce qui suit :

Le village d'Arbas à l'altitude d'environ 390 mètres [2] est placé dans une charmante situation à la réunion des trois vallons de *Fougaron* (est), *Gourgue* (sud) et *Planque* (sud-ouest). C'est une région de prés et de cultures, où la régularisation des eaux torrentielles et l'irrigation rendraient les plus grands services. La forêt de Pène-Blanque ou d'Arbas s'élève au sud-ouest entre les deux derniers vallons. (Fig. 1, Pl. I.)

Pour monter à Pène-Blanque il faut passer par le vallon de Gourgue. A 2 kilomètres d'Arbas, une installation funiculaire, très sommaire, exploitant les bois de la forêt, nous a été bien commode pour élever de 280 mètres (515 à 795 mètres) notre personnel et notre matériel jusqu'au *Plan de Gaule* (795-810 mètres). Au lieu de continuer ici le déboisement désastreux sur lequel je reviendrai tout à l'heure, il serait bien plus salutaire d'y créer, à la place des bâtiments déjà abandonnés par les exploitants actuels du bois, un petit sanatorium régional, qui serait merveilleusement placé quant à l'hygiène et au calme reposant. La vue est belle et le site agréable.

En montant vers le point déterminé à l'avance par M. Ortet pour un campement de quatre jours, on rencontre successivement le long des lacets d'un bon chemin muletier :

BUHADE DECH GANDIL.

1° Le trou souffleur dit *Buhade dech Gandil* (ou de *Candil*); altitude : 865 mètres ; il souffle, en effet, un courant d'air qui nous parut très froid, en cette saison (24 juillet), quoique le thermomètre y marquât 9° 8, et qui éteint toute bougie allumée ; d'ailleurs le trou est trop étroit pour qu'on puisse y pénétrer sans de longs travaux d'élargissement ; il semble descendre verticalement et conduirait peut-être à d'importantes excavations, car sa forme est telle que son intérieur profond a pu échapper aux remplissages d'obstruction ; on croyait dans le pays qu'il communiquait avec la grotte de Pène-Blanque : mais celle-ci s'ouvre 60 mètres plus haut. Filhol, Jeanbernat, etc., y voyaient plutôt un évent du *Pount de Gerbaou* (v. ci-dessous), mais celui-ci est plus de 200 mètres plus haut. Il vaut mieux s'abstenir de toute hypothèse.

2° Trente mètres plus haut, à 895 mètres, le terrain change de facies. Vraisemblablement c'est le jurassique qui laisse la place au crétacé ;

3° A 915 mètres, les traces d'un effondrement interne sont manifestées par une dépression encombrée d'un chaos de blocs ; sans doute quelque voûte de caverne écroulée, mais sans orifice discernable de pénétration.

Le camp est installé à la belle clairière (excellente petite source) du *Planero de Pey-Jouan* (1,040 mètres), au pied même de Pène-Blanque.

---

[1] Décédé le 29 mars 1908 et remplacé, dans notre expédition, par son ami et collaborateur L. Jammes.

[2] Au baromètre, repéré sur les stations de Boussens 271 m. 354 et de Salies 293 m. 795 et sur la cote 320 de Pount-de-Prade.

POUNT-D'ECH-ERBAOU.

A dix minutes de là, au sud-est, en plein bois, s'ouvre dans une ravine, à 1,075-1,090 mètres d'altitude, un des plus curieux gouffres que je connaisse, le *Pount-d'Ech-Erbaou* [1]. Il débute par un immense entonnoir de 60 mètres de long sur 30 de largeur et 40 de profondeur, ancienne caverne dont la voûte n'est pas complètement écroulée : quelques débris de son plafond partagent la bouche de l'entonnoir en trois petits et deux grands

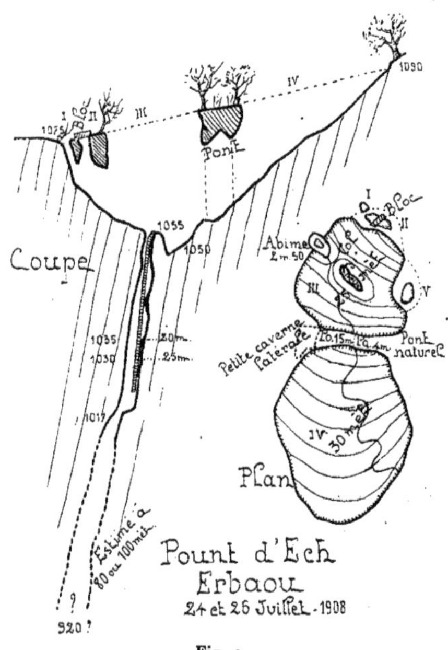

Fig. 2.

orifices; ces derniers sont séparés par une strate calcaire demeurée en place et qui forme un pont naturel du plus bel effet (longueur 15 mètres, largeur ou épaisseur 4 mètres, hauteur totale 20 mètres). La position dans une ravine indique clairement qu'ici une fissure du sol, ayant capturé les grandes infiltrations d'autrefois, s'est peu à peu transformée en grand point d'absorption, puis en caverne, et enfin en profond abîme, précédé ainsi d'une de ces dépressions que les Autrichiens nomment *dolines ;* car au plus creux même de l'entonnoir, baille un véritable aven d'à peine 3 mètres de diamètre. Obstinément la sonde s'arrête à 38 mètres de profondeur, sur une plate-

<hr>

[1] *Pount de Gerbaou*, d'après Filhol, Jeanbernat, etc. Les orthographes du mémoire de 1874 diffèrent de celles qui nous ont été données par écrit par nos conducteurs MM. Ortet et Loubet.

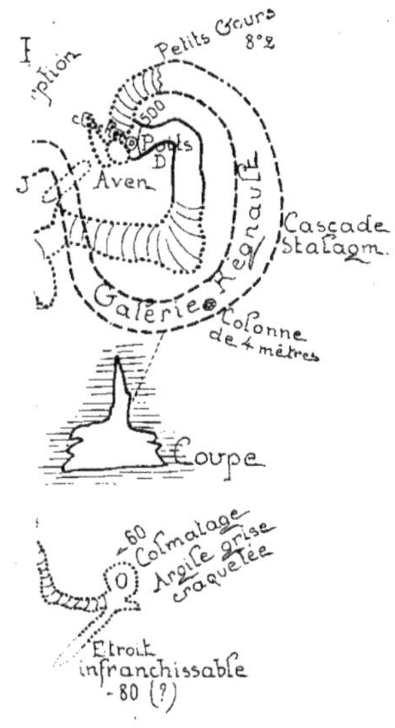
Petits Gours
8°2
'ption
500
Puits
D
Aven
Galerie Regnault
Cascade
Stalagm.
Colonne
de 4 mètres
Coupe
-60
Colmatage
Argile grise
craquelée
Étroit
infranchissable
-80 (?)
E. A. Martel
strux

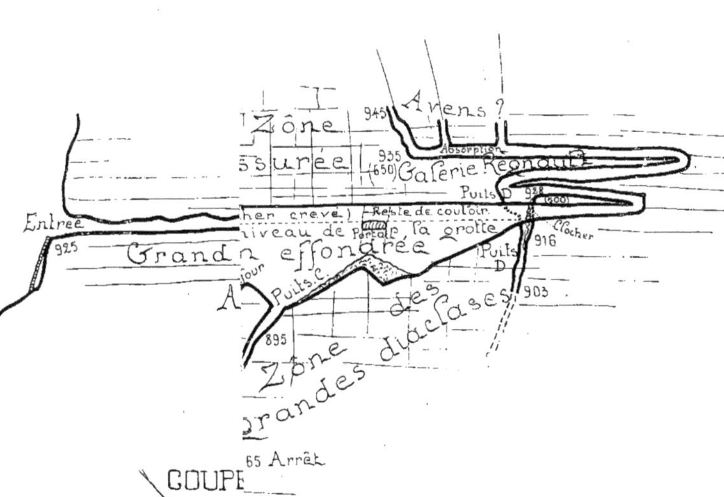
Zône
945   Avens ?
ssurée
935   Absorption
(650) Galerie Regnault
Puits D
Entrée
925
her crevé) Reste de couloir
niveau de Portail la grotte
Clocher
Grand effondrée
Portail
916
jour
Puits
D
A   Puits C
903
895
Zône   des
grandes diaclases
65 Arrêt
COUPE
E

PLAN de la GROTTE de
PÈNE BLANQUE
MARTEL, RUDAUX, JAMMES
JEANNEL, ORTET - 25 et 27 juillet 1908

Coupe

Coupe

Coupe

Coupe

- - - - Au dessus de l'entrée
———— 0 à 3 m. au dessus de l'entrée (galerie principale)
········· Au dessous de l'entrée
900 m. de développement

E. A. Martel
strux

COUPE longitudinale developpée de la
GROTTE de PÈNE BLANQUE

E. A. Martel
strux

Entrée
Grand Couloir — Rampage de 110 mètres — Dépression
Anciennes arrivées d'eau (diaclases)
Ancien lit de rivière souterraine desséchée
Zône fissurée
Galerie
Région effondrée
Zône des grandes diaclases
Arrêt
Sonde

Fig. 3, PLAN } DE LA GROTTE
Fig. 4, COUPE }

forme assez large ; mais les pierres jetées rebondissent beaucoup plus bas, dans les 100 mètres au delà : nous-mêmes, malgré deux tentatives (24 et 26 juillet), n'avons pu descendre qu'à 25 mètres (et apercevoir distinctement la plate-forme de 38 mètres et la prolongation du puits) à cause des chutes de pierres, ici particulièrement dangereuses.

Très fendillée dans le sens vertical, la roche crétacée se présente comme pourrie ; les moindres mouvements de nos cordes et échelles enlevaient aux parois de vraies mitrailles qui, plus bas, nous eussent assommés. Comme en 1899 au Chourun-Martin-du-Dévoluy, j'ai dû bien à regret renoncer — avec l'avis unanimement conforme de mes collaborateurs — à une investigation véritablement trop périlleuse.

Nous estimons qu'au point où la chute de pierres *semblait* s'arrêter, la profondeur du dernier puits ne doit pas être éloignée de 80 à 100 mètres, soit, en chiffre rond, 150 mètres de profondeur depuis les rebords de l'entonnoir.

Cela correspondrait, vers 920 mètres, au niveau de l'affleurement du jurassique reconnu à la montée (voir ci-dessus), et même aux parties les plus élevées de la grande grotte de Pène-Blanque (voir ci-après).

Mais pour savoir si l'abîme de Pount-d'Ech-Erbaou fut ou est encore en relation directe avec Pène-Blanque ou (600 mètres plus bas) avec Goueil-li-Her (voir ci-après), il faudrait des recherches et des travaux de déblaiement aussi coûteux que dangereux et dépourvus, je crois, de toute espèce de portée pratique.

La conclusion ferme en effet à tirer de ce point, c'est que Pount-d'Ech-Erbaou a englouti, pendant une longue période géologique, des masses d'eau considérables, pluies diluviennes de la montagne, qui allaient ressortir par une cavité quelconque des flancs ou du pied de Pène-Blanque ; et que de nos jours ces absorptions fonctionnent encore, mais sur une échelle infiniment réduite et irrégulière.

La température dans l'entonnoir est de 5° 6 et l'air extrêmement humide.

Plus haut, dans la montagne, existent selon Filhol, etc., Ortet et Loubet, des glacières, ou plutôt des trous remplis de neige ; leur accès est long et difficile et comme, vraisemblablement, ils seraient bouchés, impénétrables et ne nous enseigneraient rien, nous jugeons inutile d'aller les voir.

GROTTE DE PÈNE-BLANQUE.

La grotte de Pène-Blanque est située sur le revers nord-ouest et au pied du sommet coté 1,096 mètres, à 700 ou 800 mètres nord-ouest à vol d'oiseau de Pount-d'Ech-Erbaou. Elle s'ouvre vers 925 mètres (et non 800 mètres, selon Filhol, etc.) d'altitude dans une falaise rocheuse à pic ; il est difficile d'y entrer sans une échelle de cordes ou un arbre de 10 mètres de longueur.

En deux jours (25 et 27 juillet) nous avons pu examiner tous les recoins praticables de la caverne, y découvrir divers prolongements (qui portent sa longueur totale à environ 900 mètres) et y faire les constatations suivantes, qui sont très hautement instructives. Le plan et la coupe raccourciront nos explications. (Fig. 3 et 4, Pl. II.)

L'orifice, partagé en deux par un pilier, semble bien être une sortie d'ancienne rivière souterraine, rappelant (en pleine falaise rocheuse) celles qui fonctionnent encore dans le massif de la Grande-Chartreuse aux sources du Guiers-vif (1,100 mètres) et du Guiers-mort (1,305 mètres). Pendant 350 mètres, la galerie, coudée çà et là, est certainement le lit d'un ancien courant, très horizontal [1], — surbaissé pendant 110 mètres (de 115 à 225 mètres de l'entrée, et non 200 mètres, chiffre de Filhol, etc.) de façon à imposer un assez désagréable rampage, — mais uniformément large de 5 mètres en moyenne. La hauteur varie de 0 m. 50 à 3 mètres [2]. Dans la voûte débouchent par places des cheminées d'anciennes adductions d'eau. La coupe montre que la voûte basse, due sans doute à une compacité plus grande de la roche, a fonctionné jadis en conduite forcée, mettant en pression les eaux d'amont; c'est pourquoi l'on trouve, près de la tête de cet abaissement et sur la droite, une déviation aujourd'hui colmatée, et qui, peut-être, par une voie latérale secondaire allait aboutir à la chambre, également latérale, de l'entrée.

Dans la partie relevée de la galerie, se dressent quelques colonnes stalagmitiques sans importance, une flaque d'eau qui renseigne sur la température (7° 8) et, dans la paroi sud une ramification qui est un petit affluent actuel, avec un filet d'eau également à 7° 8 centigrades.

Puis l'état des lieux se complique.

D'abord l'érosion révèle ses effets avec plus d'intensité, ayant surcreusé le sol de la galerie et laissé une banquette, incommodément interrompue au point dénommé *Mauvais passage* ; une corde y est agréable, parce qu'à main droite (rive gauche de la grotte) s'ouvre un vertical et profond trou noir (puits A).

Ensuite une rapide descente de 15 mètres mène à l'orifice d'un autre puits (B). Tournant à gauche à angle aigu, on descend encore de quelques mètres jusqu'à un carrefour, à 25 mètres au-dessous de l'entrée. On reconnaît alors qu'on est dans une large et haute cassure à peu près perpendiculaire à la direction générale de la caverne.

Montant par-dessus un éboulis et redescendant de l'autre côté, voici un nouveau carrefour et une nouvelle grande cassure semblable à la première et plus ample; de part et d'autre elle descend; à gauche (nord-ouest) jusqu'à un cul-de-sac dont la voûte est forée d'une grande-cheminée-aven; à droite (sud-est) jusqu'à un troisième puits (C). Nous y reviendrons tout à l'heure.

Au delà du deuxième carrefour, nouvelle montée, passage par une porte très régulièrement percée en pleine roche, d'allure tout à fait cyclopéenne, puis légère descente et troisième cassure transversale, bien plus petite que les deux précédentes. Enfin une montée coudée conduit à une galerie coudée aussi *où l'on se voit ramené au niveau de l'entrée de la grotte* et de la galerie principale de 350 mètres (température de l'air : 8° 2).

Dans le puits D, qui s'ouvre ensuite, on n'était jamais descendu [3]; il est à deux degrés ; d'abord très large sur 12 mètres, le long d'une magnifique colonne de stalagmite de 15 mètres de haut, rappelant le célèbre *clocher* de Dargilan (Lozère); ensuite fort étroit sur 13 mètres jusqu'à une obstruction de cailloux (en tout 25 mètres de creux). (Fig. 5, Pl. III.)

[1] Voir ma notice dans l'annuaire des touristes du Dauphiné pour 1899.

[2] « Un vent froid et violent en rend l'exploration difficile; ce courant d'air doit probablement venir de la grotte de la Tuto-de-las-Spigos-de-Couanca » insignifiante. Il y a là une erreur, comme le montre notre recherche de 1908; d'ailleurs il est établi maintenant que, dans les cavernes, les courants d'air sont fréquents dans les rétrécissements entre deux grandes salles ou galeries, sans que cela implique aucune communication avec le dehors.

[3] « Abîme impraticable, immense fissure hérissée de pointes aiguës et d'une profondeur considérable, qui barre le passage. » (Filhol, etc.).

Fig. 5. — La grotte de Pène-Blanque. — Clocher et absorption du puits D, p. 310.
(Dessin de L. Budaux)

H. Demoulin Sc.

Du gradin de 12 mètres se développe à droite en demi-cercle une pente ascendante de gros éboulis, qui remonte encore au niveau (probablement un peu plus) de l'entrée, pour reprendre l'aspect de large galerie, d'ancien lit souterrain, avec gours ou barrages de stalagmite formés par l'écoulement intermittent des eaux. Nous donnons le nom de notre regretté ami F. Regnault à cette galerie aussi curieuse par sa forme que belle par ses concrétions ; sur 150 mètres de développement elle tourne d'abord en un cercle presque parfait et s'élève, repassant au-dessus de la partie précédente de la grotte, avec laquelle elle a même dû communiquer en un de ses points par une perforation qu'ont rebouchée les concrétions. A la voûte, de nombreuses crevasses d'adduction d'eau ; l'une est l'issue d'un vaste aven. La terminaison s'opère en un double coude, le second devenant impraticable, comme base d'une fissure verticale où l'on ne peut grimper. Presque au haut de ce beau couloir un surcreusement du sol aboutit à un point très net d'absorption qui a dû dévier les eaux dans l'étage inférieur sous-jacent. Il en est résulté des bouleversements et effondrements partiels, qui expliquent la position de *stalactites* curieusement retournées la pointe en l'air : la portion de plafond d'où elles pendaient s'est détachée et précipitée sur le sol ; ensuite le bloc, ayant eu son support ruiné complètement, se sera retourné par une demi-révolution entière. On a monté de quelques mètres depuis les premiers petits gours de la galerie Regnault et l'on est à environ 650 mètres de l'entrée (voir le plan).

Revenons au puits C. Seuls le plan et la coupe pourront faire comprendre comment, par un trou extrêmement étroit, il aboutit à un labyrinthe complexe de galeries et petites salles où viennent déboucher aussi les puits B et A. Pendant l'investigation de cet étage inférieur, l'un de nous, posté en sentinelle au sommet du puits B, entendit parfaitement les autres dès qu'ils parvinrent à la salle inférieure. La descente se prolonge au delà, toujours étroite mais très haute, jusqu'à une petite chambre ronde à *60 mètres environ au-dessous de l'entrée de la grotte* (cote 865) ; le sol est colmaté par une argile grise craquelée qui témoigne du passage des eaux. Alors le rétrécissement devient tel que le plus mince de la troupe, Rudaux, n'a pu que se glisser à l'entrée d'une fissure où les cailloux jetés tombaient au moins 20 mètres plus bas (soit 80 mètres au-dessous de l'entrée), à l'altitude d'environ 845 mètres.

Ces constatations faites, l'évolution hydraulique de la grotte de Pène-Blanque et la synthèse de ses diverses parties sautent aux yeux spontanément, et éclairent de la plus vive lumière plusieurs des phénomènes de la circulation souterraine.

Voici comment les choses se sont passées :

Par le fond de la galerie Regnault, un ou plusieurs abîmes amenaient de la surface du sol les infiltrations extérieures.

Il se pourrait que par là eussent débouché les puissants engouffrements de Pount-Ech-Erbaou ; mais cette hypothèse a contre elle que la direction générale de la caverne n'est pas celle de ce gouffre (voir la carte) et qu'à l'extrémité de la galerie Regnault la distance entre les deux points est plus grande (900 à 1000 mètres) que de l'entrée même de la grotte de Pène-Blanque (700 à 800 mètres) ; en outre, la profondeur totale du Pount-Ech-Erbaou atteint *peut-être* un niveau inférieur à celui du fond de la galerie Regnault. D'autre part, il est très admissible que des gouffres absorbants (aujourd'hui ignorés ou oblitérés comme la Tuto de las Spigos) aient fonctionné jadis sur la hauteur même de Pène-Blanque épaisse au-dessus de la grotte de 150 à 170 mètres.

Il faut noter encore que, avant de constituer une source, ou plutôt une résurgence, la grotte de Pène-Blanque a pu jouer comme une perte d'eaux extérieures, une goule engloutissant un torrent. Il faudrait en ce cas que ce fonctionnement se fût réalisé avant le creusement de la vallée de Planque au nord, excavée aujourd'hui 3oo mètres plus bas que la caverne. Mais la grotte serait alors bien vieille, antérieure au creusement des thalwegs actuels; ce n'est pas une invraisemblance et l'hypothèse d'une perte (correspondant donc à un relief topographique bien différent de l'actuel) a pour elle la direction de la maîtresse galerie de la grotte de Pène-Blanque et surtout l'horizontalité moyenne absolue de cette galerie jusqu'aux abords du puits D.

Qui sait même, quand la vallée commença à se creuser en dessous du niveau de l'orifice de la grotte, si celle-ci ne vit pas se renverser son jeu, devenu émissif au lieu d'absorbant et alimenté par les avens supérieurs?

Quoi qu'il en soit, que ces avens aient été l'élément principal ou seulement les affluents de la circulation souterraine de Pène-Blanque, il est parfaitement clair et très important à retenir qu'à un moment donné il se produisit dans ce sous-sol un soutirage colossal en profondeur, lequel explique plus d'une énigme souterraine.

En effet la succession des grandes cassures de la région des puits A, B, C, D indique nettement qu'ici l'intérieur de la montagne se trouvait haché de ces puissantes fissures verticales préexistantes nommées *diaclases*, que le trajet horizontal des eaux souterraines vint recouper par leur travers; ces fissures avaient préparé dans la masse rocheuse une série de points faibles, une réelle zone d'appel par la pesanteur ou gravité; leur agrandissement en puits, fentes, chutes, constaté par nous jusqu'à 8o mètres de profondeur, causa la fuite de l'eau vers des étages inférieurs. Est-ce à la longue que cette aspiration de bas en haut se produisit en plein travers de la rivière, qui avait commencé de couler depuis le fond de la galerie Regnault jusqu'à l'orifice de la grotte? On serait tenté de le croire, d'après la continuité régulière (même dans toute la zone des crevasses et puits) du plafond de la galerie principale qui conserve la plus surprenante continuité; et surtout il est bien suggestif, à cet égard, de retrouver au-dessus du *portail* (voir la coupe) une portion encore en place de la conduite primitive[1], éloquent témoin de l'ancien état de choses. Ou bien au contraire, dans l'hypothèse de la goule absorbante, est-ce dans cette région bouleversée des cassures que s'opérait la confluence du courant englouti en dehors et des infiltrations des avens amenées par la galerie Regnault? La question est aussi difficile qu'inutile à trancher.

Mais il est certain que nous avons rencontré là sous terre un point de dislocation tectonique intense, qui rend lumineusement compte, par la plus persuasive des leçons de choses, de quelle manière les eaux souterraines peuvent gagner de plus bas niveaux dans l'intérieur des calcaires et de quelle façon se sont creusées les grottes à plusieurs étages[2].

Dès 1889, en recherchant comment se formaient les sources, dans l'intérieur des

---

[1] Due précisément à ce que la rivière s'est installée au contact même de deux terrains lithologiquement un peu différents; entre la base du crétacé et le sommet du jurassique probablement marneux.

[2] Celle de Pène-Blanque en présente cinq en somme : 1° avens d'amenée de la galerie Regnault et des voûtes de la galerie principale; 2° conduit horizontal de ces deux galeries; 3° portions évidées des grandes cassures des puits jusqu'à — 3o mètres; 4° concentration labyrinthiforme de ces puits (— 3o à — 6o mètres); 5° échappement terminal constaté jusqu'à — 8o mètres. La dénivellation totale reconnue arrive à 1oo mètres depuis le sommet visible des avens finaux jusqu'au point de chute des pierres.

plateaux calcaires des Causses épais de 100 à 500 mètres, j'énonçais qu'à travers les zones marneuses plus ou moins imperméables, intercalées entre les assises fissurées *supérieures* des avens et les assises fissurées *inférieures* des sources ou courants souterrains, l'eau se déversait « en suintant goutte à goutte par les gerçures naturelles »[1].

Plus récemment [2] j'ai précisé qu'il existe, plus souvent qu'on ne le croit, des défauts d'étanchéité parmi les zones marneuses, théoriquement imperméables des sous-sols calcaires.

Ces vues reçoivent à Pène-Blanque la formelle confirmation de la preuve empirique définitive; en plein cours d'une rivière souterraine caractéristique, forcément établie sur un horizon rocheux imperméable (marneux sans doute), une zone de dislocation tectonique importante s'est rencontrée, qui a provoqué la perforation ou la discontinuité du lit étanche, et qui a assuré la fuite en profondeur, la descente souterraine des eaux, au sein de la masse montagneuse; ainsi les eaux intérieures ont pu atteindre et intéresser des niveaux inférieurs fissurés, où elles ont continué leur travail de creusement actionné par la pesanteur; elles se sont donc enfouies de plus en plus, jusqu'au jour où la diminution des précipitations atmosphériques les a taries; alors les cavernes se sont vidées et les avens ont cessé de s'approfondir. La théorie de ce *processus* était, pour moi, et depuis longtemps, bien certaine; mais nulle part il n'avait été donné encore d'en découvrir une démonstration matérielle aussi irréfutable qu'à la grotte de Pène-Blanque, qui doit donc être considérée comme un des plus instructifs documents fournis jusqu'à présent par les explorations souterraines de tous pays.

Au point de vue pratique, il serait loisible de suggérer l'élargissement de la fissure où a dû s'arrêter Rudaux, et cela, pour tenter d'accéder à sa partie inférieure et ensuite à un sixième étage; et pour courir la chance de découvrir les réservoirs souterrains des sources du massif d'Arbas; mais cet essai serait bien hasardeux, dispendieux et dangereux. Un pareil travail n'a abouti, à ma connaissance, qu'une seule fois; au grand gouffre de «Trébic» près Trieste (Autriche), où, en onze mois de labeur (1840-1841), l'ingénieur Lindner parvint, en rétablissant artificiellement les anciennes communications naturelles de douze grandes fissures verticales superposées, à retrouver à 321 mètres sous terre un grand lac, portion présumée du cours souterrain de la Rocca; encore faut-il ajouter que l'utilisation en fut reconnue impossible et que l'auteur de l'entreprise y laissa sa fortune et la vie [3].

En France, au barranc d'Opoul (Pyrénées-Orientales) M. Rossin a vainement cherché, de 1884 à 1890, à retrouver la soi-disant *rivière souterraine de Corbières* au fond d'un gouffre artificiellement agrandi à la mine, aux prix des travaux les plus coûteux et périlleux.

Dans un grand nombre d'abîmes, où des dispositions spéciales permettaient d'éviter ou de tourner le bouchon détritique obstructeur du fond du premier étage, la prolongation des descentes a, la plupart du temps, abouti à des puits en galeries de plus en plus étroites où seules les eaux (actuellement si déchues de leur ancienne puissance) parviennent à se glisser. Par exemple au grand gouffre de *Rabanel* (Hérault) le plus profond (212 mètres) de France (après celui inexploré du Chourun-Martin [Hautes-

[1] *C. R. Ac. Sc.*, 25 novembre 1889.
[2] *C. R. Ac. Sc.*, 1ᵉʳ octobre 1906.
[3] Voir *Mes abîmes*, p. 475.

Alpes] qui doit avoir de 3ı0 à 5oo mètres de creux, — celui de Combelongue (Lozère)
sur le causse Méjean, où, à 85 mètres sous terre, la main seule entrait dans des fentes
dans lesquelles des cailloux tombèrent 3o mètres plus bas [1], — en divers gouffres du

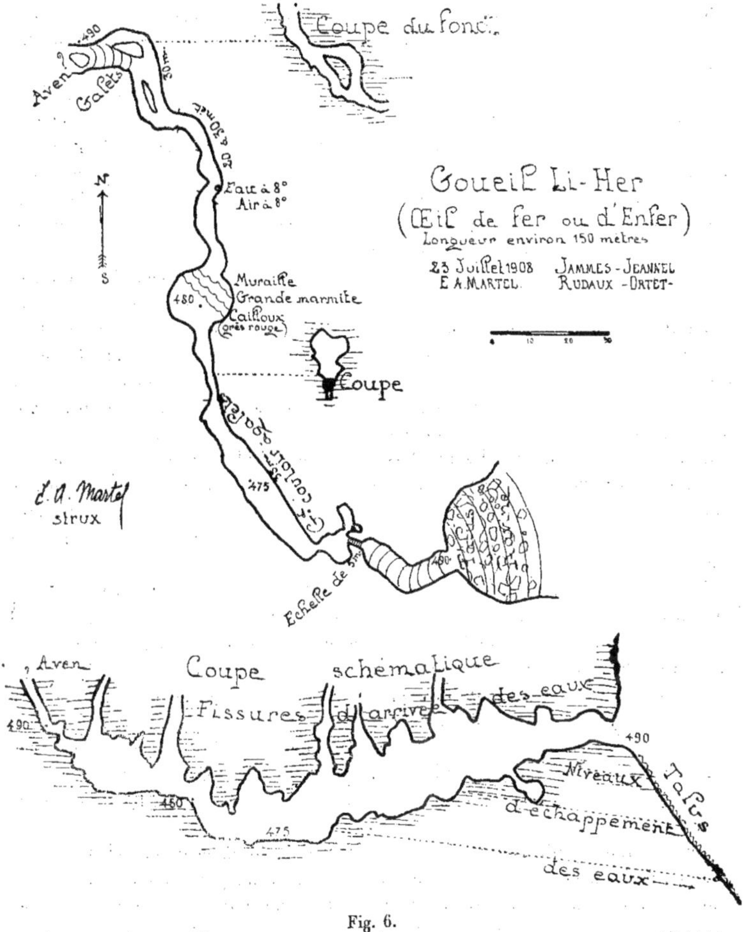

Fig. 6.

Jura si courageusement et si soigneusement étudiés par Fournier, Maréchal, etc. [2]
aux swallow-holes d'Angleterre [3], aux katavothres du Péloponèse, etc.

[1] Voir *Mes Abîmes*, p. ı43, 2o2
[2] Voir *Spelunca*, mémoires 2ı, 24, 27, 29, 33, 38, 4o, 47, 5o.
[3] Voir *Spelunca*, 23, Blue John-Mine; 39, Mendip-Hills.

De telle sorte qu'on ne saurait guère conseiller, quant à présent, les essais de désobstruction ou d'agrandissement de ce genre, que lorsque l'épaisseur de terrains, restant à traverser pour atteindre le niveau des réservoirs ou réseaux souterrains présumés, est relativement faible, et surtout lorsque l'on connaît, aux environs, des émergences suffisamment abondantes et alimentées par un bassin de réception très étendu.

Or à Pène-Blanque il resterait encore, depuis le point d'arrêt de Rudaux jusqu'aux plus proches sources du flanc nord de la montagne, 300 mètres des terrain interposé ! Et ces sources sont d'un très faible débit ! Enfin la sommité de Pène-Blanque est, quant à l'absorption des eaux intérieures, d'une trop restreinte surface pour justifier aucun essai coûteux dans cet ordre d'idées.

Il convient donc de s'en tenir aux données curieuses, mais purement scientifiques, qui viennent d'être relatées.

Dans le vallon de Gourgue longeant le revers sud-est de Pène-Blanque, la source de Bernatas, sous un petit pont (altitude 435 mètres) est à 10°. Elle ne doit être que la réapparition du petit ruisseau perdu un peu plus haut (à 10° 3) dans des prés. Cependant il paraît qu'elle coule toujours, même quand ce ruisseau est à sec. Il se peut donc qu'elle soit particulièrement alimentée par les infiltrations des hauteurs de Pène-Blanque.

GOUEIL-LI-HER.

Après les pluies, un réel torrent sort, un peu en amont du hameau de Gourgue, et sur la rive gauche de la rivière, de la caverne appelée *Goueil-li-Her* (ou di-Her) [œil de Fer ou d'Enfer ou source d'Enfer, altitude 490 mètres]. Comme tous les *trop-pleins* d'eau souterrains des régions calcaires, elle s'ouvre en haut d'une longue pente de gros éboulis, au travers et au pied desquels les eaux suintent après les pluies et s'échappent de plus en plus fort et de plus en plus haut sur la pente jusqu'à sortir à gros bouillons par l'entrée de la grotte. C'est le dispositif de Vaucluse, de la Fontaine du Pécher à Florac, des Foux des Cévennes, des puits du Jura, de la Riéka du Montenegro, bref de toutes les résurgences à sortie plus ou moins obstruée par les débris de voûtes effondrées.

Le 23 juillet 1908 la grotte était à sec, et nous avons pu la parcourir sur 150 mètres environ d'étendue, en remarquant ce que montrent le plan et la coupe ci-contre (fig. 6) :

On descend d'abord, d'une quinzaine de mètres, la contre-pente intérieure du talus d'éboulis extérieur, pour arriver à un grand couloir (altitude 475 mètres) plein de galets roulés; on y trouve échelonnés les divers points de passage des eaux qui vont sourdre aux différents niveaux de la pente du dehors; un peu plus loin, une grande marmite évidée par le tourbillonnement des eaux est remplie également de galets roulés dont quelques-uns en grès rouge; ceci indiquerait que les grès permo-triasiques qui affleurent çà et là dans la région en bandes étroites seraient recoupés souterrainement par les eaux intérieures de Pène-Blanque [1]. Le caractère torrentiel de la cavité est des plus nets; des masses liquides considérables y arrivent encore, après les pluies, par les nombreuses fissures de la voûte, sans doute sous plusieurs atmosphères de

---

[1] M. Bertrand a signalé des grès dans le crétacé supérieur d'Arbas (*C. R. Ac. Sc.*, 19 oct. 1908), mais ils sont jaunes et non rouges.

pression; et c'est ainsi que, quand toutes ces diaclases ou tuyaux de gouttière sont pleins d'eau, cette onde arrive à jaillir, sur plusieurs mètres de hauteur, dit-on, par l'orifice du Goueil. Le phénomène et l'explication sont les mêmes qu'à la *source intermittente temporaire de l'Oule* (Lot) [1], au *Puits des Bancs* [2] en Dévoluy (Hautes-Alpes). Une de ces cheminées arrête la visite (à 490 mètres, niveau de l'entrée), véritable aven vertical, dont l'ascension nous paraît impraticable.

Une petite flaque d'eau est à 8° C. comme l'air même de la caverne. La coupe transversale montre que la partie inférieure de la galerie est beaucoup plus étroite que les parties supérieure et moyenne, ce qui témoigne, comme partout, de la déchéance des eaux actuelles.

Le Goueil-li-Her n'est plus que le déversoir temporaire des infiltrations qui, après les grandes précipitations atmosphériques, traversent toute la masse de Pène-Blanque comme un crible sur 600 mètres de hauteur.

Son extrême irrégularité et la fissuration de ses roches le rendent impropre à toute utilisation.

Il se pourrait qu'il eût été le débouché (ou l'un des débouchés) de la grotte de Pène-Blanque dont la plus basse partie gît encore 350 mètres plus haut. Mais aucune affirmation n'est ici permise.

La grotte de *Gourgue*, insignifiante (profondeur 2 m.), renferme cependant une faune cavernicole intéressante.

VALLON DE PLANQUE.

La branche sud-ouest du gave d'Arbas porte le nom de ruisseau de Planque, dans un vallon particulièrement intéressant; de l'amont à l'aval nous y avons recueilli les données suivantes (fig. 1, Pl. I) :

HOUNT DE RAS HECHOS.

A l'extrémité, à 4 kilomètres d'Arbas, le ruisseau de Planque vient d'une grotte appelée *Hount de Ras Hechos* ou des *Heretchos* (source des Frênes) [alt. : 760 mètres], au flanc nord d'une ravine à sec. L'eau sort (à l'étiage du 29 juillet) du pied d'un petit talus d'éboulis, masquant en partie l'orifice de la caverne, par où le flux monte et s'échappe à gros bouillons après les pluies; la grotte ne mesure que 17 mètres de long, dont 10 en couloir presque à ciel ouvert et 7 redescendant la contre-pente de l'éboulis : là s'étale un bassin d'eau clos de toutes parts; c'est le siphon typique, dont on voit nettement, sous l'eau, le canal descendant obliquement à 35 degrés et 10 mètres au moins de distance, car une perche de cette longueur ne touche pas le fond. La fluorescéine jetée dans le bassin a mis 23 minutes pour réapparaître à la sortie d'eau à la base extérieure du talus, distante de 23 mètres. En escaladant une cheminée de 10 mètres dans la voûte de la grotte, Jeannel a pu gagner un couloir, qui débouche sur le dehors, au-dessus de l'orifice et qui, vers l'intérieur, est trop étroit pour l'homme; un vif courant d'air y indique qu'il existe sans doute en amont un vide notable; peut-être des travaux d'élargissement accéderont-ils par là à l'amont du siphon

---

[1] Voir mes plan et coupe dans *Annales des Mines*, juillet 1896, p. 70.
[2] Voir Martel, Chourums-du-Dévoluy, *Bull. Soc. d'études des Hautes-Alpes*, 1902.

et à une rivière souterraine, comme au Tindoul de la Veyssière (Aveyron). La température de l'eau est de 7° C.; ceci indique une origine élevée puisque, 170 mètres plus haut, il y a 7° 8 dans les suintements de la grotte de Pène-Blanque et que, à 400 mètres au nord du Hount de Ras Hechos, un ruisseau *extérieur*, affluent de celui de Planque, est à 14° 5. Mais il est bien difficile de déterminer le périmètre d'alimentation de cette source. Il est clair qu'elle vient des infiltrations des calcaires de Pène-Nègre et Pène-Blanque; les limites extrêmes Ouest, Nord, Est sont fixées par l'encadrement des

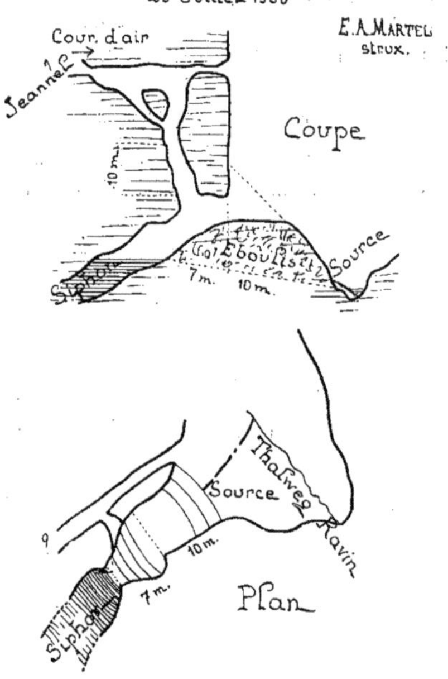

Fig. 7.

schistes cristallins et sériciteux; mais au Sud, le jurassique et le crétacé s'étendent bien plus loin et il ne serait pas impossible que le drainage souterrain du Hount de Ras Hechos se propageât jusqu'à la crête de Cournudère (1,561 mètres). Il pourrait ainsi s'exercer sur un millier d'hectares, mais au très grand maximum; plus vraisemblablement il doit se réduire à environ 300. Il est impossible de dire si Pount d'Ech Erbaou et la grotte de Pène-Blanque en dépendent ou sont, au contraire, drainées vers l'Est, et il serait oiseux de se perdre dans le développement des hypothèses contradictoires.

Retenons seulement qu'au bout du vallon de Blanque le niveau d'émergence de l'eau est à 760 mètres.

PERTE.

A moins de 1 kilomètre en aval, le ruisseau, dans le fond du thalweg, disparaît sous terre, entre les blocs du calcaire, à 550 mètres d'altitude et 14° 5. C'est une vraie *perte* (impénétrable) qui dure 225 mètres, au bout desquels l'eau ressort définitivement à 515 mètres d'altitude et 12° 5 C. (donc rafraîchie de 2 degrés). (Fig. 16, Pl. VI, p. 24.)

Un peu plus loin, mais à 525 et 510 mètres d'altitude, parce que c'est sur le flanc droit du vallon, deux petites sources suintent à 10 degrés; donc leur provenance n'est pas très haute et ce sont plutôt des égouttements des terres, ce que corrobore d'ailleurs l'affleurement de schiste qui leur donne naissance.

A un peu plus de 2 kilomètres de Hount de Ras Hechos, le ruisseau est à 15 degrés et à 440 mètres d'altitude, sous le pont qui le franchit.

GOUFFRE DE PLANQUE.

Sur la rive droite, au flanc de Pène-Blanque, on nous signale un gouffre dit *Poudac gran* (grand puits) : Rudaux et Jammes vont l'explorer. Il s'ouvre en effet à quelque

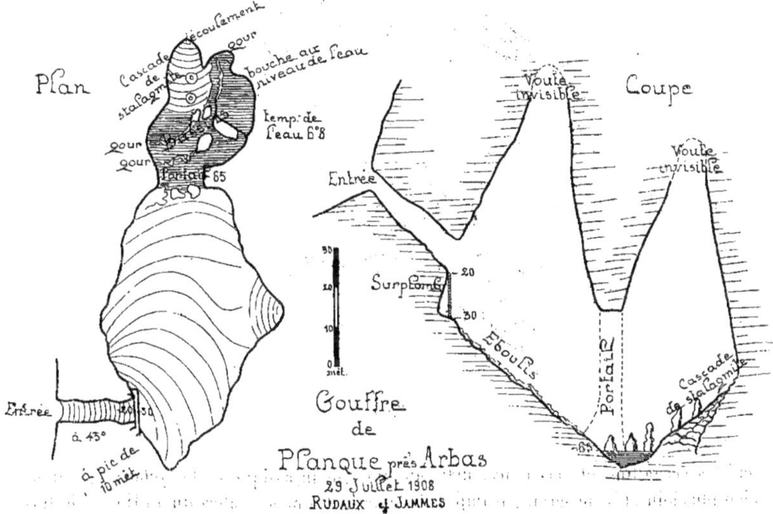

Fig. 8.

200 mètres au-dessus du pont, vers 650 mètres d'altitude [1]. C'est bien un gouffre, de 65 mètres de profondeur totale, en trois gradins (couloir à 45 degrés; à pic surplombant de 10 mètres; grande pente à 35 degrés). L'intérieur (gouffre de Planque) se partage en deux belles salles aux voûtes immenses; un rétrécissement formant portail cyclo-

[1] Très approximativement, le baromètre ayant été oublié pour cette visite.

péen les sépare; dans la seconde, l'eau, suintant des voûtes et le long de superbes concrétions, forme un bassin subdivisé en gours; une cascade de stalagmite en obstrue l'extrémité et, à main droite, la fissure d'écoulement paraît être sous l'eau. Celle-ci (à moins de 600 mètres d'altitude) est à 6°8, à peu près comme celle de Hount de Ras Hechos, mais à un degré de plus que les flaques de Pène-Blanque, 330 mètres plus haut. Remarquons (voir la carte) que l'extrémité de la grande grotte de Pène-Blanque est presque au-dessus du gouffre de Planque : y a-t-il communication entre elles? C'est probable et peut-être déboucherait-on ici, si on forçait le mystère des fissures basses de Pène-Blanque : mais il reste 150 mètres de différence de niveau au moins entre

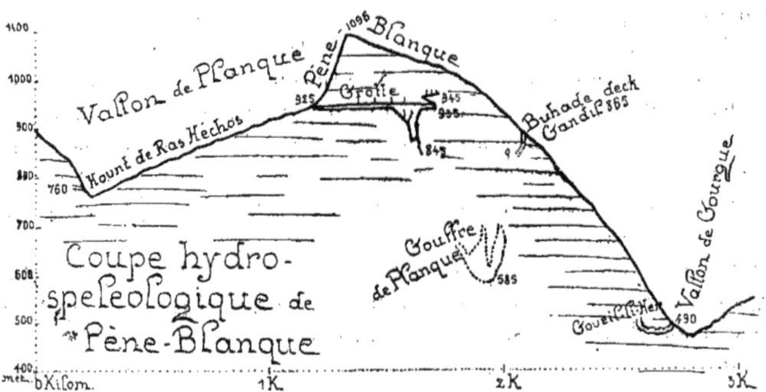

Fig. 9.

le fond constaté de Pène-Blanque (845 mètres) et le sommet indiscernable des très hautes voûtes du gouffre de Planque. Ne torturons point les hypothèses et bornons-nous à synthétiser les résultats fournis par les cavernes de ce massif.

RÉSULTATS SYNTHÉTIQUES.

D'une part trois horizons, témoins d'absorptions d'eau très puissantes jadis, très réduites maintenant :

1° Les glacières, vers 1,300 mètres (sauf vérification);

2° Pount d'Ech-Erbaou, à 1,075-1,090 mètres;

3° Le trou souffleur et l'effondrement de Buhade-Dech-Gandil (865-895 mètres) qu'on peut rapprocher du niveau de perforation 930-900 mètres de la grande galerie de Pène-Blanque.

D'autre part, quatre horizons ou niveaux d'émergences d'eaux actuelles :

1° Petite source de Planero de Pey-Jouan (nous avons omis d'en prendre la température) évidemment superficielle et venant de la forêt voisine, comme plusieurs autres en même situation à 1,040 mètres;

2° Hount de Ras Hechos, à 760 mètres;

3° Bassins du gouffre de Planque, perte du ruisseau de Planque, deux petites sources du schiste entre 510 et 585 mètres d'altitude;

4° Source de Bernatas, à 435 mètres (dans le vallon de Gourgue), ayant peut-être pour trop-plein le Goueil li Her, à 475-490 mètres.

Ainsi, entre 400 et 1,300 mètres, les montagnes calcaires d'Arbas sont percées de cavités et pourvues de zones aquifères *à tous leurs étages*. Il n'est pas permis d'y appliquer les termes, toujours erronés pour les calcaires, de *nappes d'eau*, de niveau hydrostatique ou de niveau piézométrique : ce sont la loi de pesanteur, le travail mécanique et chimique de l'eau, le caprice des fissurations et le hasard des interstratifications imperméables qui régissent, comme dans tous les terrains crevassés, la circulation des eaux souterraines, en déroutant souvent les plus rationnelles prévisions! Quoi de plus singulier, en effet, au premier abord, que ce Goueil li Her, sec à 475 mètres, et distant seulement de 2,500 mètres du Hount de Ras Hechos, qui débite un fort ruisseau, à 760 mètres. Mais c'est simplement une éloquente preuve de plus de la localisation et de l'indépendance si fréquentes des *courants souterrains*, même très rapprochés, à l'intérieur des sous-sols calcaires. Nous retrouverons tout à l'heure la même chose aux sources de la Bidouze.

Ajoutons qu'à Arbas une petite source (sur le chemin de Fougaron, à l'Est) est à 11 degrés et qu'un puits creusé sur la place du village, d'après les indications de M. Ortet, donne de l'eau aussi à 11 degrés; ici, c'est le niveau des schistes.

CONCLUSIONS PRATIQUES.

Il s'en présente quatre :

1° Inviter le maire d'Arbas à prendre toutes mesures pour que les cabinets des diverses maisons du village cessent de se déverser directement dans la rivière. Ceci est surtout dangereusement réalisé à l'auberge Ferron, par exemple; il est vrai que les canards locaux font de leur mieux pour happer au passage tout ce qu'ils peuvent des produits ainsi expulsés; mais leur rôle sanitaire reste fort incomplet et un tel procédé de voirie doit être tenu pour inefficace. Le projet de loi sur la protection des cours d'eau non navigables ni flottables devra l'interdire;

2° Il *faut*, à n'importe quel prix, mettre un terme aux déboisements du massif d'Arbas.

Durant notre séjour au campement de la Planero-de-Pey-Jouan, c'était une tristesse, une pitié de voir les arbres centenaires dévaler le long des pentes jusqu'à la clairière toujours grandissante, sous la cognée infatigable des bûcherons.

On vient de constater comment le régime des infiltrations souterraines et de leurs impétueux à-coups est celui de toute cette montagne; les *éruptions* du Goueil li Her sont parfois terribles : celle du 3 juillet 1897 a provoqué une inondation désastreuse à Arbas. Il serait oiseux de s'appesantir ici sur les conséquences inévitables du dépouillement des cimes qui le dominent. Le déboisement augmente les crues et réduit les étiages.

Depuis longtemps la cause est entendue : il est nécessaire d'exécuter le jugement;

3° Il conviendrait de faire étudier par un technicien compétent la possibilité d'établir un barrage dans le vallon de Planque. C'est, en effet, en présence des émergences à caprices extrêmes, comme Hount de Ras Hechos et toutes les résurgences et trop pleins des calcaires, que les barrages sont les plus opportuns; en régularisant, pour l'aval, les gros écarts de débit, ils récupèrent à l'amont, pour les époques d'étiage, les excès de débordements postpluviaux.

A titre de simples renseignements préliminaires, j'indique dès maintenant que, vers le pont de l'altitude 440 mètres, un rétrécissement de la vallée paraît devoir permettre l'établissement d'un barrage de 200 à 300 mètres de longueur et de 15 à 30 mètres de hauteur; en amont la pente est très faible sur un demi-kilomètre de longueur; c'est vers ce point qu'affleurent les schistes sur lesquels il faudrait asseoir l'ouvrage (après des sondages préalables) pour éviter les déperditions, comme celle dont la perte, à la cote 550-515, nous donne l'exemple. Il semble bien que, comme volume, un réservoir de 1,500,000 à 2,000,000 de mètres cubes au moins serait parfaitement réalisable. Il recueillerait les infiltrations et le ruissellement d'une région entièrement boisée. Quant à l'alimentation, elle serait assurée par le périmètre de drainage du Hount de Ras Hechos (au minimum 200 hectares, voir ci-dessus) et par le ruissellement de 200 autres hectares compris entre cette source et l'emplacement du barrage. Sur 400 hectares, avec 1 mètre de chute de pluies par an (ce qui doit être la moyenne de la région), il tomberait 4,000,000 de mètres cubes. Si l'on réduit ce chiffre de moitié pour la part de l'évaporation, il reste 2,000,000 de mètres cubes pour l'emmagasinement de l'infiltration et du ruissellement réunis. La différence de niveau est de 50 mètres (non compris la hauteur à donner au barrage) jusqu'à Arbas. Un réservoir de 2,000,000 de mètres cubes équivaut à plus de 5,000 mètres cubes par jour. L'emplacement à submerger ne comporterait aucune expropriation coûteuse. Il appartient aux ingénieurs d'élaborer les projets d'*utilisation locale* que peuvent suggérer ces chiffres et conditions.

Assurément, comme force motrice, la ressource est extrêmement faible : 5,000 mètres cubes par jour, ou environ 60 litres par seconde, ne donneraient que 30 chevaux avec une chute de 50 mètres, en comptant 100 kilogrammes (au lieu de 75) tombant de 1 mètre pour un cheval-vapeur. Mais on pourrait sans doute réaliser un autre barrage dans le vallon de Gourgue. Et plus importante encore est la considération de l'emmagasinement des eaux de crue (particulièrement celles de Goueil li Her) : cela protégerait Arbas et sa vallée contre les inondations et cela permettrait des répartitions d'eau pour les irrigations d'aval, en temps de pénurie. J'attire tout particulièrement l'attention sur cet ordre d'idées.

4° On vient de voir que tout le bassin de drainage de Hount de Ras Hechos est boisé et qu'*il faut* le maintenir tel; de plus il est entièrement inhabité; par conséquent l'eau de cette source, quoique en terrain calcaire, doit être propre à l'alimentation. On peut donc la désigner comme susceptible d'un captage pour eau potable, sous quatre réserves :

a. Vérification de l'importance et de la constance du débit;

b. Analyses bactériologiques réitérées;

c. Captage profond et étanche contre les causes de contamination rapprochées;

M. Martel.

2

d. Établissement d'un périmètre de protection de quelques décamètres contre ces mêmes causes de contamination.

Tels sont les résultats de nos recherches de 1908 dans le versant oriental du massif d'Arbas. Étroitement limitées à un groupe unique de cavités, elles constituent un topique et très synthétique spécimen de ce genre de travaux.

Les calcaires abondent dans le surplus de la région; plusieurs grottes existent, paraît-il, aux environs d'Aspet. Il est clair que le développement des études d'hydrologie souterraine ne manquera pas d'y révéler nombre d'autres faits utiles. Il importe toutefois d'être, au préalable, et par une enquête locale intelligente, fixé au moins sur la situation des points et phénomènes dignes d'examen raisonné. Car la recherche préliminaire de ces points sur le terrain consomme toujours de longues journées. En nous les indiquant à Arbas avec une rare sûreté et une parfaite précision, la collaboration de M. le juge de paix Ortet nous a rendu le plus signalé service et nous a épargné beaucoup de dépenses et de pertes de temps.

II. Gargas et Poudak.

(Hautes-Pyrénées.)

GROTTE DE GARGAS.

En 1907, avec F. Régnault j'avais examiné à deux reprises la fameuse grotte de Gargas, au point de vue de son ancienne hydrologie. Une seule journée en 1908, avec Jammes, Jeannel et Rudeaux a été employée à rechercher sa relation probable avec la grotte de Tibiran.

GROTTE DE TIBIRAN.

Ces deux cavités sont depuis longtemps desséchées et bien connues, surtout d'après les travaux de Garrigou, Regnault et Jammes : l'intérêt de nos constatations y est purement théorique, relatif au creusement des vallées, à l'âge des cavernes, aux traces glaciaires, aux terrasses emboîtées des vallées, toutes questions d'ordre géologique, qui encombreraient inutilement le présent rapport et que je développerais dans un recueil spécial.

Il n'y a aucune considération d'ordre pratique à exposer ici à ce sujet, sauf la notion, une fois de plus confirmée, du desséchement progressif (fig. 19, Pl. VI, p. 24) et de la disparition des eaux souterraines en profondeur. Le plan de Gargas (fig. 10, Pl. IV) et la coupe ci-contre (fig. 11) sont suffisamment explicites par eux-mêmes, après les détails dans lesquels je suis entré pour Pène-Blanque. A Gargas aussi, les *oubliettes* ont provoqué une fuite en profondeur.

GOUFFRE DE POUDAK.

Le gouffre de Poudak, à proximité de Gargas, mérite de nous arrêter plus longuement, par l'étrange phénomène d'oscillation du niveau de ses eaux, qui contribuera peut-être à éclairer le problème, encore si obscur, des sources intermittentes.

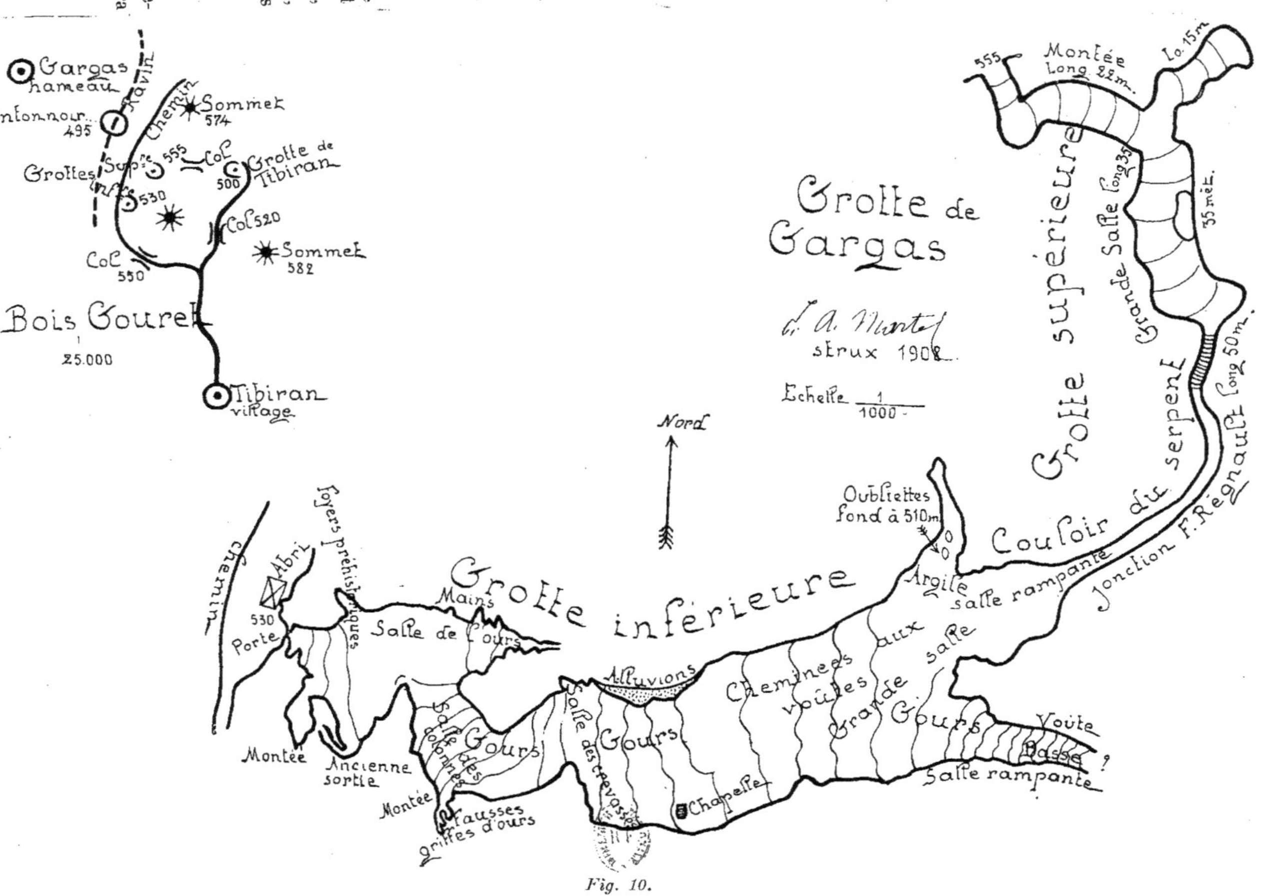
Grotte de Gargas
par L. A. Martel sérux 1908
Echelle 1/1000
Nord
Grotte supérieure
Grotte inférieure
Couloir du serpent
Jonction F. Régnault long 50 m.
Grande Salle long 35
Montée Long 22 m.
Lo 15 m.
555
55 mèt.
Oubliettes fond à 510 m.
Argile
salle rampante
Grande salle
Cheminées aux voûtes
Alluvions
Grand Gours
Voûte
Bosse
Salle rampante
Chapelle
Salle des crevasses
Salle Gours
Salle des dolomies
Gours
Fausses griffes d'ours
Montée
Ancienne sortie
Montée
Mains
Salle de l'ours
Abri
Porte
530
chemin
Foyers préhistoriques
Fig. 10.
Gargas hameau
Entonnoir 495
Ravin
Chemin
Grottes Sup.
555
Sommet 574
Col 500
Grotte de Tibiran
530
Col 520
Col 550
Sommet 582
Bois Gourc
25.000
Tibiran village

Coupe du Bois
du Gouret et des
Grottes de Gargas et
Tibiran
580 m. environ
E. A. Martel
strux.
1907-1908
555
Gargas sup.
Jonction
530
525 550
Gargas infer.
oubliettes
510
Ravin
9
9
9
9
9
9
9
9
500
Salle
Grotte
de Tibiran
488
475 Puits
9
Entonnoir du
fond du
ravin
495
Hauteurs
10
0
Longueurs
m.
25   0   25   50   75   100   mik.

Fig. 11.

N.
Generest
733
504
Vallée
sèche
L'Arize
Plan de Puits
914
520 510 540
Gouffre
de Poudak
546
Cirque
1249
Situation du
Gouffre de Poudak 1/50.000°

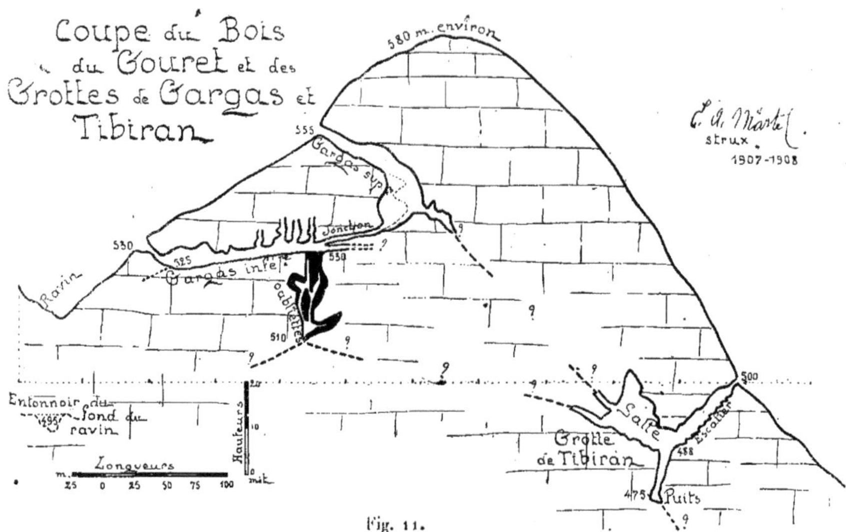

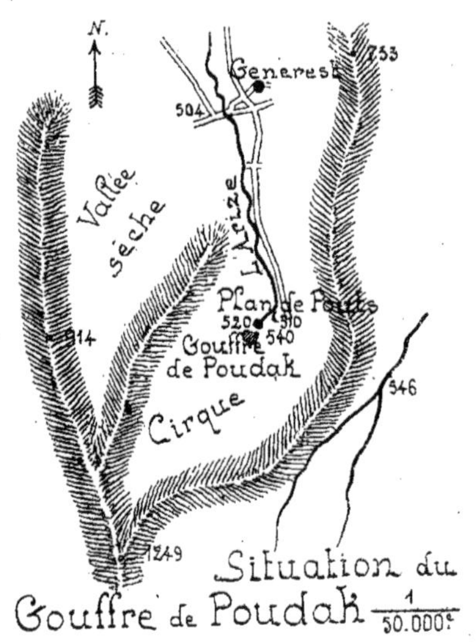

Fig. 12

A 8 kilomètres sud-ouest de Montréjeau et 5 kilomètres sud d'Aventignan (à vol d'oiseau) le gouffre de Poudak est signalé, sans autre détail et sans nom spécial, par la carte au 80.000ᵉ et le dictionnaire Joanne, comme à la source de l'Arize, petite rivière d'Aventignan [1]. Nous l'avons étudié sur les instances et les indications de M. Jammes (30 août).

Le gouffre est parfaitement figuré sur la carte, comme un bassin isolé, à 350 mètres sud-ouest du hameau de Plan-de-Pouts (ce qui signifie clairement Plan-du-Puits). Le ruisseau est dessiné sortant d'un autre bassin un peu au nord-est; nous allons voir que c'est exact. La position du gouffre est au bas et au centre d'un cirque boisé où culmine un sommet sans nom, coté 1,249; il s'ouvre vers 540 mètres d'altitude au bout de prairies en pente. Un ceinture d'arbres et de broussailles en encombre l'approche, mais défend les bestiaux contre les chutes. En plein calcaire urgo-aptien c'est un très

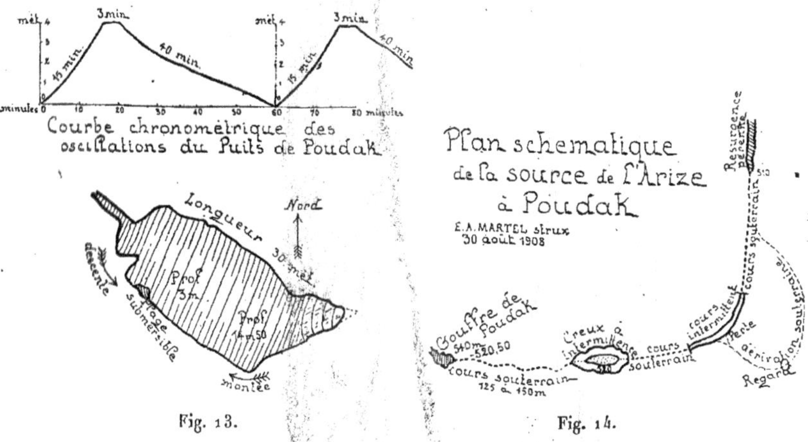

Fig. 13.

Fig. 14.

pittoresque trou à pic, grossièrement quadrangulaire, long d'une trentaine de mètres, large d'une dizaine. Le bas est entièrement occupé par l'eau. La profondeur jusqu'au bassin est de 19 m. 50; celle de l'eau est de 14 m. 50 à l'extrémité Est, et de 3 mètres au point où nous jetons l'échelle (voir le plan, fig. 13 et la pl. V, fig. 15).

Du pied de l'échelle nous voyons au nord-ouest s'ouvrir une galerie, impénétrable, parce que la roche y plonge dans l'eau, avec toute l'apparence d'un siphonnement; à l'est une amorce de couloir remonte d'abord mais est presque aussitôt obstruée. Pendant l'examen, nous remarquons qu'un insensible mouvement de l'eau semble élargir peu à peu une étroite grève où nous avons pris pied, l'échelle trempe moins que quand nous sommes arrivés au bas; puis, sans à-coup, le liquide remonte; un barreau de l'échelle disparaît; la petite plage recommence à se rétrécir : visiblement le niveau du bassin s'élève; il faut l'imiter et regrimper à l'échelle. Avec la plus vive surprise [2]

---

[1] Ou du moins de son bras oriental. Car une autre branche à l'ouest vient de la vallée de Nistos. Les deux se réunissent sous Lombrès, en amont d'Aventignan.

[2] Qui m'a fait oublier de noter la température donnée par le thermomètre.

Fig. 15. — Gouffre de Poudak
(Dessin de L. Rudaux, d'après nature).

H. Demoulin Sc.

nous constatons qu'en un quart d'heure l'eau s'est élevée de 4 mètres (13 barreaux d'échelle écartés de 31 centimètres d'axe en axe), puis elle redescend.

Immédiatement Rudaux et Jeannel se mettent à *minuter* le phénomène et, en trois heures, ils enregistrent les trois pareilles oscillations suivantes :

Montée régulière de 4 mètres		15 minutes.
Étale		3
Descente { de 1 mètre (rapide) / de 3 mètres (lente) }		40
Durée de chaque pulsation complète		58

Il n'y a point d'étale entre la fin de la descente et le début de la réascension suivante (voir la courbe de la figure 13).

Pendant cet examen, je vais avec Jammes faire celui d'un autre creux, beaucoup moins profond, mais à peu près aussi long et large que le gouffre, et où l'on descend sans aucune peine. Il est à 125 ou 150 mètres nord-est du premier.

De loin nous y entendons rouler un torrent : mais quand nous y arrivons il est vide, chaos de roches humides couvertes de mousses sous la plus pittoresque voûte de branchages! (voir fig. 14). En cherchant s'il n'y a point de fissures pénétrables à travers les blocs, restes évidents d'une voûte écroulée, nous percevons, au bout de cinq minutes, un bruit sourd à l'extrémité d'amont (altitude 520 mètres) et tout de suite jaillit des interstices de pierres un gros bouillonnement d'eau, devant lequel nous n'avons que juste le temps de sortir du creux. L'eau est magnifiquement verte : c'est la fluorescéine que nous avons jetée (500 grammes) au grand puits il y a juste 45 minutes et qui a mis ce temps pour le parcours souterrain d'un trou à l'autre. La correspondance (d'ailleurs évidente) est prouvée. Dans le bassin du gouffre nous l'avions vue disparaître très rapidement, aspirée par un tourbillonnement. Au deuxième creux elle s'est écoulée très vite, en un seul flux. Car ici, à notre tour, nous *minutons quatre périodes en deux heures* :

Montée et remplissage du creux		8 minutes.
Descente et vidange		15
Arrêt complet, asséchement		6
Total		29

La période est donc de moitié plus courte pour le second creux que pour le premier gouffre, c'est-à-dire que celui-ci ne fonctionne qu'une fois pour deux pulsations de l'autre. Enfin, dans le bassin du gouffre, le *courant se renverse* en passant de la montée (où il va de l'est à l'ouest) à la descente (de l'ouest à l'est).

Quels mystères et quelles clefs de phénomènes d'intermittence se cachent sous ces très curieuses constatations, je n'entreprendrai pas de le deviner ici : trop d'hypothèses imprécises pourraient être mises en avant sur l'existence de siphons d'inégaux diamètres, de bassins à orifices superposés, de canaux à plusieurs étages. Il y aura lieu de comparer cette manifestation, qui ne paraît pas encore avoir été décrite, avec celles connues depuis si longtemps de Fontestorbes (Ariège).

Bornons-nous pour le moment à compléter la description des lieux et à indiquer les travaux qu'ils suggèrent.

A l'aval du second creux, l'eau disparaît entre des blocs impénétrables, obstruant un canal naturel écroulé : on peut suivre ce canal au dehors, entendant l'eau y circuler jusqu'à une portion de lit de nouveau à ciel ouvert, avec cascatelle et répétition du phénomène d'intermittence (même périodicité que dans le deuxième creux).

Puis il y a bifurcation : à droite une perte, à gauche long tunnel obstrué, autre couloir d'écoulement, auquel la perte semble faire retour (voir le plan pour abréger). Enfin sortie définitive vers 510 mètres d'altitude; cela doit être la source pérenne, ne tarissant jamais, de l'Arize orientale. Car il faut dire que nous devons les étranges constatations ci-dessus au hasard et au concours d'une forte pluie, tombée du 29 août au soir au 30 août au matin et qui avait complètement troublé et sali toute l'eau de l'ensemble. Les quelques paysans interrogés sur place nous affirment que le phénomène n'est pas fréquent et que la chance nous a bien servis; mais ils avouent aussi n'y avoir jamais fait grande attention. En tous cas nous n'en avons trouvé mention nulle part.

La disposition du Puits de Poudak ressemble très curieusement à celles des gouffres (ou cénotés) de la source de Brissac près Ganges (Hérault), que j'ai décrits jadis [1] comme en relation probable avec le grand abîme de Rabanel. Là aussi un creux de 3 à 5 mètres de profondeur et un abîme de 25 mètres tout proches l'un de l'autre sont ouverts sur les réservoirs souterrains de la source de Brissac. Il paraît que le niveau de l'eau s'y élève aussi après les pluies, mais sans phénomènes connus d'intermittence. Et mon expérience de fluorescéine n'y avait pas réussi.

En fait, cette source de l'Arize est le collecteur général des infiltrations et des ruissellements tout au moins de la grande conque verdoyante au bas de laquelle elle sourd. Ce serait un bassin alimentaire de 100 à 125 hectares seulement si l'on s'en tient à la topographie extérieure. Mais comme les formations calcaires (crétacé et jurassique) s'étendent fort loin au sud (jusqu'à Mauléon-Barousse) il est possible que le drainage souterrain du gouffre de Poudak se développe bien au delà des crêtes de la cote 1,249 (conformément à l'une des lois de l'hydrologie des calcaires), sur une aire de plusieurs centaines d'hectares. On n'a pas pu nous dire s'il existait dans cette direction des abîmes ou points d'absorption.

Pratiquement il y aurait à examiner si un barrage ne pourrait pas être établi entre Generest et Plan-de-Pouts. En lui faisant recueillir les ruissellements des ravins à l'aval de la résurgence normale (pour le cas où le bassin alimentaire de celle-ci ne serait que de 100 hectares ou 1 kilomètre carré) il récupérerait et régulariserait toujours bien au moins 1,000,000 de mètres cubes annuels pour l'utilisation industrielle locale. Je dis industrielle parce que le trouble et la saleté de l'eau constatée après la pluie semblent exclure tout emploi alimentaire à moins de filtrage.

Accessoirement il serait fort curieux, au point de vue scientifique, de tenter (en temps de sécheresse) le déblaiement du deuxième creux (à l'amont surtout); peut-être accéderait-on ainsi à quelque cavité de nature à révéler le mécanisme de l'intermittence constatée.

En l'état cette intermittence n'est pas moins remarquable que celle, depuis longtemps connue et aussi inexpliquée, de Fontestorbes dans l'Ariège.

Voici le résumé des observations de M. Belloc (Émile), sur la Fontestorbes (*Annuaire du Club Alpin français*, 1903; *La Nature*, n° 1,634, 17 septembre 1904). —

[1] *Les Abîmes*, 1894. p. 147.

«Les calcaires urgoniens, pétris de réquiénies, forment l'ossature de la montagne. D'innombrables fissures les traversent et conduisent les eaux souterraines jusqu'au pied de la paroi rocheuse, où elles ont fini par ouvrir un grand orifice. Durant les trois quarts de l'année l'écoulement demeure abondant et continu; pendant la saison estivale, au contraire, le débit, soumis à de nombreuses variations, augmente et diminue tour à tour. (Fount estorbo, signifie, en languedocien, fontaine embarrassée ou fontaine encombrée.) L'ouverture mesure environ 11 mètres de largeur sur 8 mètres de hauteur et une dizaine de mètres de profondeur. Une étroite cavité, haute de 25 mètres, est une cassure produite par la dislocation du sol. On admet généralement que la Fontestorbes débite 1,900 litres par seconde, avec une moyenne de 560 litres à l'étiage et 3,100 environ en temps de crue. L'eau met 15 minutes 4 secondes pour atteindre son maximum de hauteur, et il lui faut 35 minutes 36 secondes pour reprendre son niveau initial. Durant 4 minutes la fontaine coule à pleins bords, ensuite le niveau baisse progressivement et, pendant 2 minutes, il semble demeurer immobile sur le plafond du réservoir. D'après ces données, la périodicité serait donc de 56 minutes 40 secondes, soit un peu plus de 25 intermissions par 24 heures.

«En comparant ces observations avec celles du Père Planque, faites 173 ans avant, on se rend compte que les fluctuations de la Fontestorbes ont fort peu varié depuis cette époque. Néanmoins, malgré les différences essentielles que ces données présentent avec les déductions imaginées par Astruc, les publicistes modernes se réfèrent invariablement aux chiffres de ce dernier auteur.»

D'un autre côté, M. Maugard a constaté que le jaillissement de Fontestorbes a lieu environ tous les trois quarts d'heure à une heure en été.

L'intermittence se produit surtout de juillet à octobre; en septembre les pluies abondantes l'interrompent, elle reparaît aussi en hiver, rarement au printemps.

En 1902 elle commença fin juin, à cause de la chaleur exceptionnelle de ce mois.

L'étymologie serait *Fons turbatus* (fontaine dérangée, interrompue) ou *Fontes orbi* (sources privées d'eau) [1].

J'ai constaté en 1907 que la cheminée est l'ancien déversoir qui s'est crevé à sa base pour former la sortie actuelle; elle mesure seulement 17 mètres de haut (bord supérieur à 512 mètres d'altitude).

L'altitude du seuil de Fontestorbes égale 495 mètres, la température de l'eau est de 9 degrés 5 (12 juillet 1907). Trois mètres plus bas (492 mètres) que ce seuil, de l'autre côté de la route et sur le bord même (rive droite) de l'Hers, une petite source pérenne ne tarissant jamais est aussi à 9 degrés 5. Elle vient directement du réservoir alimentaire de Fontestorbes, puisque les 16 degrés que possédait l'Hers, en ce point, le même jour, excluent toute possibilité d'infiltration de la rivière.

La paroi rocheuse au pied de laquelle jaillit Fontestorbes est extrêmement disloquée et à son sommet se dessine une dépression accentuée : elle forme col au sud du sommet 696 et par ce col on peut rejoindre à pied la route qui monte dans la forêt de Bélesta; je vois en ce point le témoin de l'ancien thalweg de Rieufourcand qui, jadis, se déversait par là dans l'Hers, avant de s'approfondir et de trouver une issue vers le nord (par Richarole). Or, eu égard à la nature fissurée du sous-sol, il est vraisemblable que les anciens ruissellements de ce vallon ont pu subir des captures souterraines qui con-

[1] *Bulletin de la Société ariégeoise des sciences, lettres et arts*, t. IX, 1902

fluèrent vers Fontestorbes : le tout, y compris la source elle-même, s'est enfoncé de plus
en plus dans la roche calcaire, au prorata du creusement de l'Hers et par conséquent
de l'abaissement du niveau de base le plus voisin ; cela s'est accompli selon la loi universelle
du trait de scie de l'eau souterraine pénétrant graduellement de plus en plus
bas dans les crevasses calcaires.

L'intérieur accessible de la fontaine actuelle, avec sa grotte et son puits, est bien,
selon l'hypothèse de M. Maugard, une portion non écroulée des réservoirs peu à peu
excavés qui sont à découvrir. Pour cela il faudra déblayer une petite grotte qui s'enfonce
dans la roche ; il faudra aussi explorer à fond la grotte de Rieufourcand, ce que
je n'ai pas pu faire seul en 1907, ou du moins faute de collaborateurs et d'aides expérimentés.
On m'a affirmé qu'on y entendait un courant d'eau, mais qu'elle est fort
étroite et difficile à visiter.

Enfin il serait bon qu'un géologue familiarisé avec les dépôts quaternaires examinât
si le petit col ne présente pas des restes d'alluvions ou dépôts pléistocènes.

Ces travaux pourraient faire partie du programme de 1909.

III. Grotte et rivière souterraine de Bétharram.

(Hautes et Basses-Pyrénées.)

La grotte de Bétharram est, quant à présent, la plus étendue des Pyrénées ; sans
atteindre à la grandiose ampleur des couloirs de Padirac (Lot) ou de Lombrive (Ariège),
sa rivière souterraine dépasse 2 kilomètres de longueur, et ses particularités hydrologiques
sont tout à fait remarquables et instructives. Trois et même quatre étages y
sont superposés. C'est une des plus curieuses grottes de l'Europe.

La partie haute (grotte supérieure) est connue depuis le milieu du xix° siècle. A la
base de magnifiques concrétions (malheureusement noircies par cinquante années
d'éclairage aux torches) elle avait son sol percé de plusieurs orifices de puits verticaux
(presque tous obstrués), dont l'exploration ne fut commencée que le 23 décembre 1888
par MM. Lary, Campan et Ritter (de Pau). En janvier 1890, ils finirent par déboucher,
après de dangereux et longs efforts, sur une rivière souterraine qui coule (de
l'ouest à l'est) à près de 60 mètres en dessous du niveau de l'entrée ; et c'est ainsi
qu'ils effectuèrent la découverte d'une des grandes curiosités pittoresques de la France.
Ultérieurement, ils trouvèrent, par un autre puits plus éloigné de l'entrée, le deuxième
étage (grotte Cécile) qui aboutit aussi sur la partie amont de la rivière. En février 1896,
MM. Lary, Capdeville et Poublanc dressèrent le plan de la grotte supérieure, longue
de 600 mètres environ sur 50 mètres de largeur moyenne [1].

En 1897, un naturaliste du Muséum, M. A. Viré, employa douze jours à des
recherches de zoologie et au levé d'un plan au 1/1000 : malheureusement, ce plan
fut égaré, et le croquis sommaire qui en a été publié [2] au 1/13333 s'est trouvé complètement
faussé (voir ci-après).

En 1898, entre la grotte Cécile et la rivière, MM. Lary, Campan, Ritter trouvèrent

[1] *Bulletin mensuel du Club alpin français*, mars 1896, p. 79.
[2] *Spelunca*, mémoire n° 14, juin 1898.

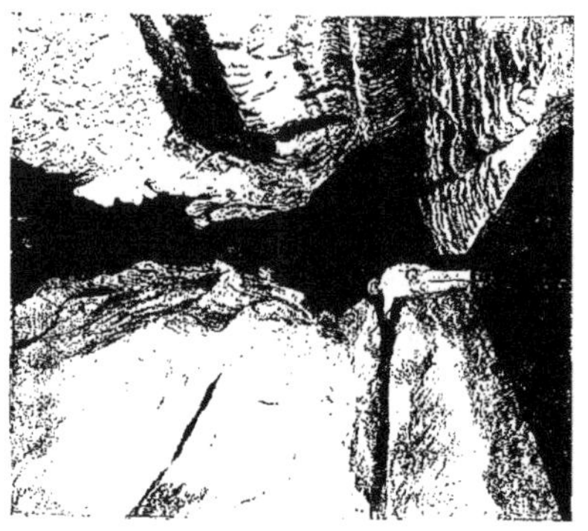

Fig. 17. — Bétharram, rivière souterraine

Fig. 19. — Source de Cère Bélesten

Fig. 16. — Résurgence près Arbas

Fig. 18. — Gours desséchés de Gargas

H. Demoulin Sc.

un troisième étage qu'ils parcoururent sur 3oo mètres sans atteindre la fin [1]. En mars 1899, la section de Pau posa des crampons dans le grand puits, pour en faciliter la descente sans cordes et sans échelle, et pour rendre aisée la visite de la rivière, qui ne dépassait nulle part o m. 75 de profondeur.

Du 7 au 9 novembre 1900 j'ai, à mon tour [2], étudié les principales parties et levé (au 1/1000) le plan réduit ici au 1/5000. L'un des résultats de mon examen fut de constater que de grosses erreurs de topographie extérieure avaient faussé toutes les conclusions hydrologiques du plan général de la caverne, à l'échelle du 1/13333, dressé par M. Viré en 1897; ce plan, en effet, a, d'une part, donné des courbes de terrain inexactes, et, d'autre part surtout, il a placé l'entrée de la grotte 5oo mètres environ trop à l'Est. Cette méprise a amené son auteur à penser que le bruit du

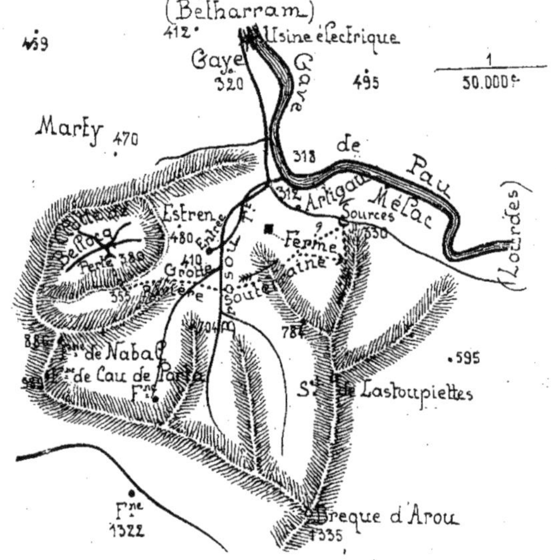

Grotte de Bétharram

Fig. 20.

torrent souterrain (inaccessible d'ailleurs), entendu par lui à l'extrémité aval de l'étage inférieur, était celui du gave de Pau, roulant à l'extérieur à quelques mètres de distance seulement. Or, cela est impossible, puisque tout le plan de la grotte doit être reporté d'un demi-kilomètre vers l'ouest, entraînant ainsi toutes sortes de corrections de détail. Le bien-fondé de ma rectification a été confirmé en 1903 par un nouvel examen de M. Décombaz. La fluorescéine, au surplus, dans une expérience que j'ai suivie pendant quarante heures, m'a donné le catégorique renseignement suivant :

[1] *Bulletin pyrénéen*, n° 12, décembre 1898, et n° 3, mars 1899.
[2] Avec MM. Campan, Loustau (Jean-Baptiste), guide de la grotte, et Peyrouze (Remy).

des quatre points d'émergence de la fontaine de Mélac, qu'on supposait être la résurgence du ruisseau souterrain de Bétharram, deux seulement (ceux d'aval) se sont montrés colorés; les deux autres sont restés indemnes de toute teinte; ils proviennent d'un autre courant souterrain. C'est précisément ce courant (et non pas celui du gave extérieur, distant de plus de 500 mètres) que M. Viré a entendu au bout de la grotte, sans pouvoir l'atteindre, à cause des obstacles d'un gros éboulis interne. Ainsi la fluorescéine a confirmé la nécessité de la rectification ci-dessus et prouvé, en même temps, l'indépendance (du moins à l'étiage) des deux branches souterraines[1], alimentant Mélac et dont la réunion sous terre, si parfois elle s'opère, ne peut avoir lieu qu'après les pluies et lors des crues souterraines. Il est regrettable qu'une petite caverne, assez compliquée, contiguë justement aux fontaines de Mélac, et trop-plein évident de leurs crues anciennes, n'ait pu conduire aux aqueducs naturels qui restaient à découvrir de ce côté : la désobstruction de cette grotte serait un travail désirable, qui mènerait peut-être à d'autres grottes.

En 1904-1905, M. L. Ross, propriétaire de l'Hôtel Royal à Lourdes, a résolument entrepris et admirablement bien réalisé l'aménagement de la caverne à l'usage des touristes. La lumière électrique en illumine les plus belles parties. Des sentiers et escaliers très commodes parcourent toute la grotte supérieure — la descente à la rivière — et une partie de celle-ci. En outre, deux barrages élevant le niveau de l'eau ont rendu navigables en bateaux plats, solides et sûrs, deux biefs d'eau longs de 230 et de 300 mètres (soit 550 mètres de navigation en tout).

Actuellement, le développement connu de la grotte peut être évalué comme suit (voir le plan) :

1er étage, grande salle (y compris le couloir des câbles)	600 mètres.
Couloirs de la descente principale	300
Grotte Cécile, au moins	150
3e étage, au moins	300
4e étage { rivière souterraine (jusqu'à sa perte)	1,500
{ prolongement à sec	550
ENVIRON	3,400

Si l'on y ajoute les 150 à 200 mètres qui séparent la Clotte de Bellocq du siphon d'amont, et les 600 à 650 mètres qui vont de la perte souterraine à Mélac (soit

[1] Cette indépendance est établie par les observations suivantes : le 7 novembre 1900, les quatre émergences coulaient très fort en cascatelles — certainement dix à vingt fois plus que l'absorption de la Clotte de Bellocq; celles de l'Est n'ont pas été colorées par la fluorescéine jetée à la Clotte de Bellocq. La coloration a mis 36 heures pour ressortir aux deux fontaines ouest de Mélac, soit, pour 2,400 mètres probables de parcours souterrain développé (1,500 suivis, 1,840 à vol d'oiseau), 67 mètres à l'heure. En juillet 1907, j'ai essayé de compléter mon travail de 1900 en dressant le plan, au moins sommaire, de la grotte Cécile et du troisième étage; mais j'ai dû y renoncer devant la difficulté et l'inutilité de l'entreprise. Ces deux étages sont un véritable labyrinthe de couloirs bas ou étroits, de cavernes revenant sur elles-mêmes, de puits en tire-bouchons, sans aucun objet ni détail remarquable. Il faudrait des semaines pour en établir la topographie dépourvue d'intérêt : c'est un réseau de fissures entrecroisées, hachant la roche calcaire et par où se sont opérées, innombrables, les fuites d'eaux de la grotte supérieure, sollicitées par le drainage de la rivière souterraine. Celui qui entreprendra ce labeur de taupe et de bénédictin à la fois y perdra son temps et sa peine, sans plus! A moins qu'un hasard, toujours éventuel sous la terre, ne lui révèle un trou d'accès à d'autres excavations ignorées!

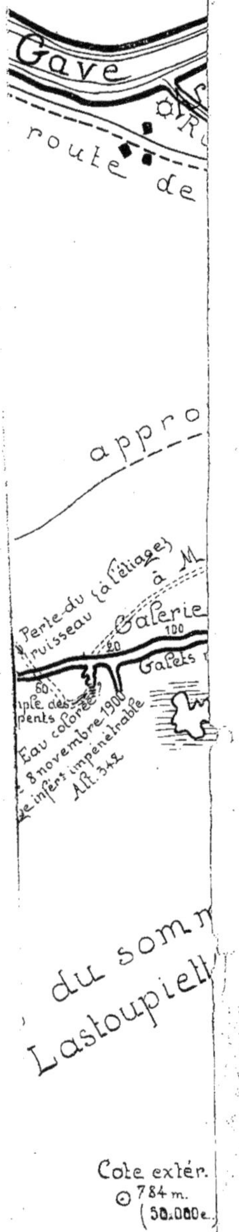

Gave
route de
approche
Perte-du (à l'étiage)
ruisseau
à M.
Galerie
100
20
Galets
60
...ple des...
...pents
Eau colorée?
8 novembre 1900
...e infér. impénétrable
Alt. 342
du somm
Lastoupielh
Cote extér.
784 m.
(50.000e.)

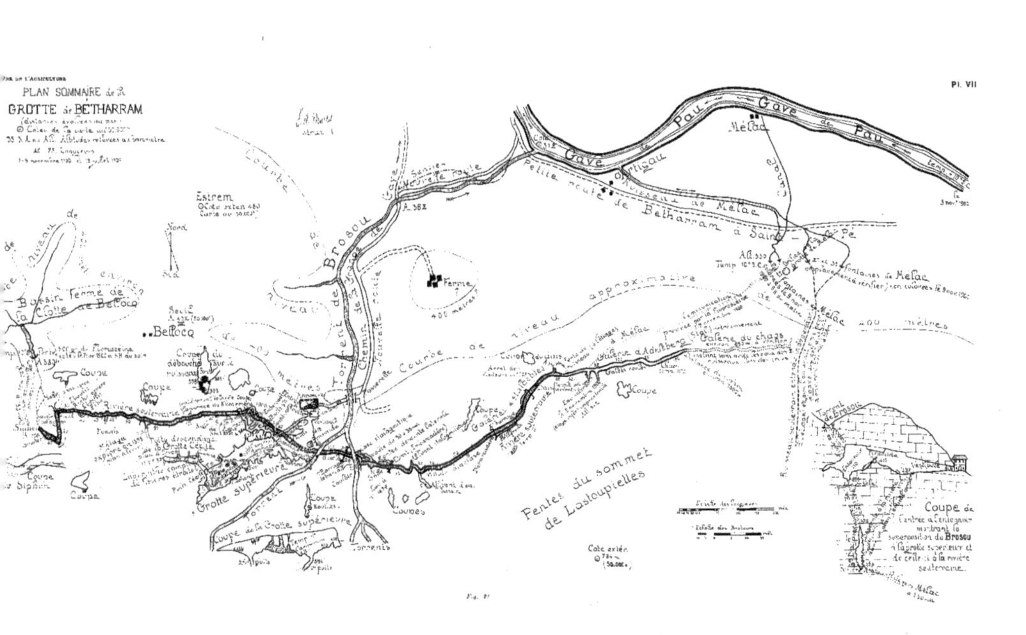
MIN. DE L'AGRICULTURE
PLAN SOMMAIRE de la
GROTTE de BÉTHARRAM
Gave de Pau
Mélac
Estrem
Bellocq
Ferme
400 mètres
Grotte supérieure
Coupe de la Grotte supérieure
Fentes du sommet de Lastoupielles
Chemin de la vallée de Brosou
Torrent de Brosou
Coupe
Coupe du débouché du souterrain
Rivière souterraine
Gorge d'Adusberg
Galerie du chien
Coupe de l'entrée alténujour soutenu la superposition du Brosou
à la grotte supérieure et de celle-ci à la rivière souterraine

8oo mètres au moins) on arrive à un total de 4,200 mètres au minimum, non compris
le cours inconnu du ruisseau de l'Est, entendu et non vu.

En plus de ses dimensions et de sa beauté, la grotte de Bétharram doit retenir
l'attention, parce qu'elle est un des plus convaincants exemples de la formation des
cavernes par agrandissement hydrologique des cassures du sol, et aussi de l'enfouissement progressif des eaux au sein de ces cassures.

La roche est un calcaire crétacé extrêmement fissuré, tant par les joints de stratification que par les innombrables diaclases qui le recoupent.

La genèse et l'évolution de ces diverses excavations doivent se résumer ainsi :

A une époque, probablement pliocène, où les pluies et les torrents étaient bien
plus puissants que de nos jours, la branche supérieure occidentale du torrent du
Brosou (limite des Hautes et des Basses-Pyrénées) fut *capturée* par les fissures de son
fond et de ses rives. Ainsi se forma peu à peu la grotte supérieure qui, pendant un
temps, dut restituer au dehors, par l'entrée actuelle, les eaux ainsi engouffrées. Peut-
être trouverait-on un prolongement à l'extrémité sud-ouest de ce premier étage, si l'on
perçait les concrétions qui l'obstruent.

D'autre part, l'entonnoir perméable de la Clotte de Bellocq recueillait, avant, pendant ou après le creusement de la grotte supérieure (on ne saurait préciser), des
engouffrements qui aboutirent à la formation de la rivière souterraine découverte en
1890. La procédé d'excavation fut exactement le même que celui que j'ai expliqué
en détail pour Padirac.[1], principalement aux dépens de grandes diaclases mises bout
à bout en communication, grâce à des perforations siphonnantes. (Fig. 17, Pl. VI,
p. 24.)

L'étage supérieur, de beaucoup plus large que haut, fut pratiqué au contraire surtout dans les joints de stratification horizontaux; mais les diaclases de recoupement
fournirent aux eaux des voies de descente, qui établirent une véritable claire-voie, des
plus compliquées, entre les étages supérieur et inférieur, écartés l'un de l'autre
de 50 à 60 mètres dans le sens vertical. Une partie de cette claire-voie fut
obstruée ensuite par les matériaux habituels de remplissage des cavernes (éboulis,
argile de décalcification, concrétions : entonnoir du fond en face de l'entrée, nombreux puits entre la descente principale et celle de la grotte Cécile); au contraire, les
deux descentes — les deux étages intermédiaires de la grotte Cécile — et la diaclase
où l'on a fait passer les câbles de la lumière électrique sont demeurés libres, et four-
nissent un spécimen magnifique du travail universel de cavernement que les eaux
accomplissent sous la terre; on y voit aussi comment, d'un niveau à l'autre (voir les
coupes jointes au plan), les perforations et les descentes d'eaux se réalisent en dessé-
chant de plus en plus les hauts niveaux.

Actuellement, ce desséchement continue.

La Clotte de Bellocq présente en effet plusieurs trous, dont un seul fonctionne,
même après de fortes pluies : le 7 novembre 1900 il pouvait absorber 50 litres par
seconde.

Il suffit de regarder le plan pour constater que, jadis, la rivière souterraine allait
rejoindre, au bout de la galerie du chaos, l'autre courant, entendu mais non vu, qui
ressort aux 3ᵉ et 4ᵉ fontaines de Mélac. Mais en route la rivière (dont le lit est, en

---

[1] *Le gouffre et la rivière souterraine de Padirac*, in-12, Paris, Delagrave, 1901.

plusieurs places, à même le roc vif) a rencontré une fissure (à l'aval du Dais) où elle s'est engouffrée en perte : celle-ci n'est pas encore assez large pour que l'homme puisse y suivre l'eau. La fluorescéine a nettement établi qu'ici se creuse un 5° étage pour rejoindre, 20 mètres plus bas, les 1re et 2e fontaines de Mélac (351 à 330 mètres). Ainsi se trouvent asséchés (du moins à l'étiage) les 500 à 600 derniers mètres de la galerie principale, encombrés de graviers, cailloux et blocs.

De plus, comme le gave de Pau s'écoule ici aux abords de 312–315 mètres, son appel provoquera peut-être quelque jour l'abaissement, le tarissage des fontaines de Mélac et la chute dans un 6° étage.

La loi de *descente des eaux souterraines* dans les calcaires, sur la gravité de laquelle j'attire l'attention depuis tant d'années, reçoit donc encore à Bétharram — *dont la rivière souterraine agonise* — la plus éclatante confirmation matérielle.

Quant au courant inconnu, son alimentation n'est pas douteuse. Elle est dans les infiltrations des roches calcaires composant les sommets de Lastoupiettes, Brèque-d'Arou (1,335 mètres), Castet-Nouheit (989 mètres), où la carte indique plusieurs fontaines, qui ne forment pas de ruisseaux permanents. (Fig. 20, p. 25.)

Maintenant, le Brosou ne fonctionne plus qu'après les pluies, comme je l'ai vu le 7 novembre 1900; le lendemain, il ne coulait plus qu'à l'aval de la grotte; le 18 juillet 1907, il était tari.

La température de l'eau d'une source, plus haut que la grotte en venant de Lestelle, était de 12°5 le 7 novembre 1900. A cette date, les températures que j'ai observées (et reportées sur mon plan) devaient être trop basses, les pluies, déjà froides, ayant été abondantes depuis assez longtemps. En été, la grotte doit être plus chaude. Les crues souterraines y ont été constatées matériellement, elles seraient d'ailleurs prouvées par les taches d'argile noirâtre et les feuilles mortes flottées qui adhèrent aux stalactites jusqu'à 2 ou 3 mètres au-dessus de l'eau; le 7 novembre 1900, les deux sources (1 et 2 de Mélac) coulaient en véritable cascade; le 9, au matin, la seconde était tarie, les eaux ayant baissé.

Par son bel aménagement récent, la grotte de Bétharram, nouvel élément de prospérité pour la région, a reçu le maximum d'utilisation dont elle est susceptible, car son eau est impropre à la consommation et les fontaines de Mélac sont, quant à présent, trop irrégulières pour une adaptation industrielle.

Cependant, il pourrait être intéressant, je le répète, de déblayer ou élargir la petite grotte de Mélac, pour tenter d'accéder au courant inconnu de l'Est. Il est possible que tout un réseau de cavernes à eaux souterraines utilisables y existe sous la montagne de Lastoupiettes.

IV. Vallée d'Ossau. (Pl. VIII.)

(Basses-Pyrénées.)

1. sources de Béon.

Alimentation de la ville de Pau. — A 5 kilomètres au nord de Laruns les sources dites de Béon sont, d'après un rapport de M. le Dr Barthé en date du 21 novembre 1902, « au nombre de six ou sept; elles jaillissent du sein d'amas morainiques amoncelés au pied du Pène-de-Béon, sur la rive droite et à 300 mètres du gave, à quelques

Vallée d'Ossau et Anouillas

$$\frac{1}{80.000^e}$$

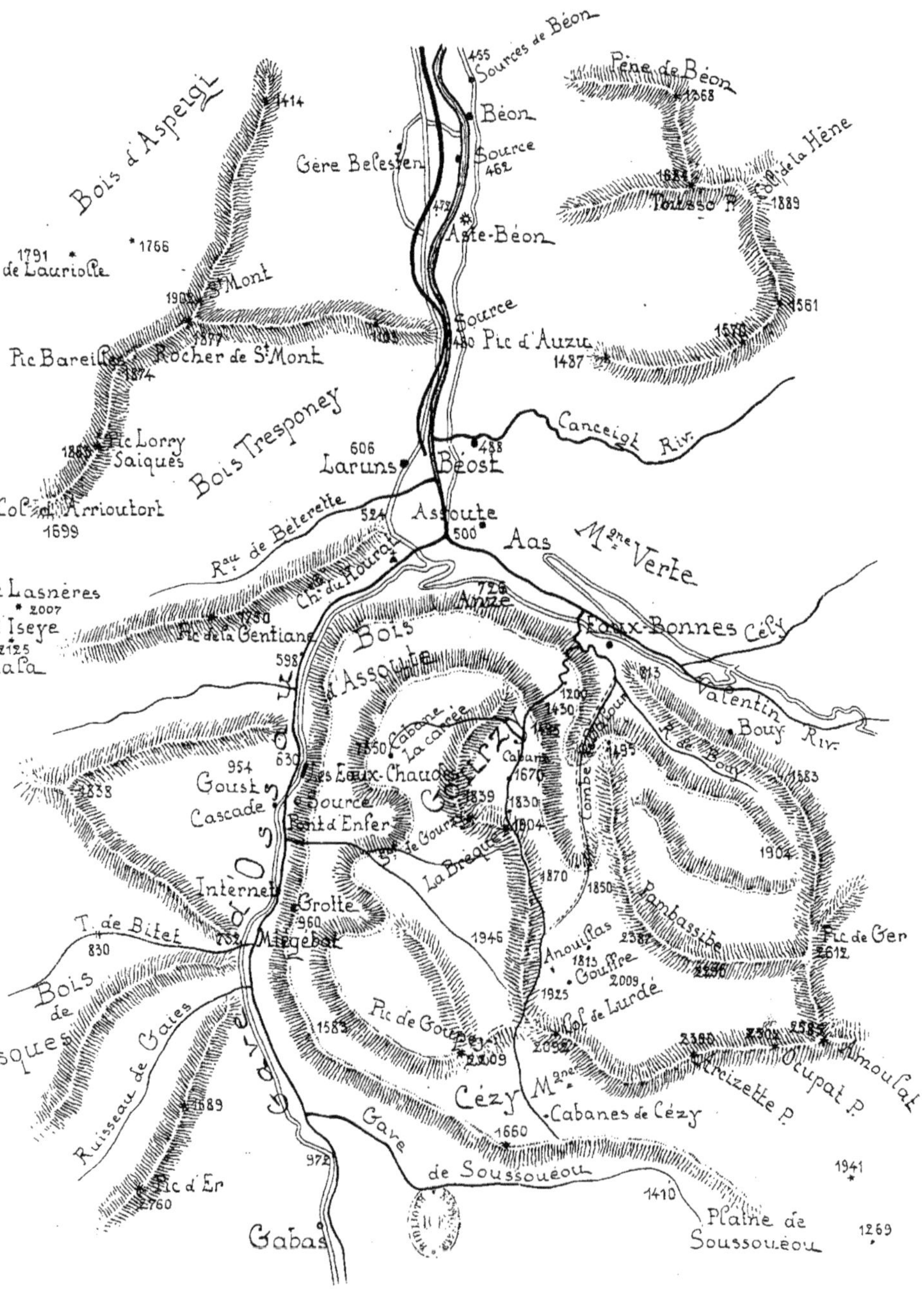

Fig. 22.

mètres en aval du Pont de Béon. Leurs points d'émergence étant groupés sur une ligne brisée de moins de 5o mètres, il est infiniment probable qu'elles proviennent d'un centre commun. Leur altitude est de 455 mètres, par suite supérieure d'une dizaine de mètres au plan normal du gave à cette hauteur. L'eau serait toujours limpide, mais les habitants du pays avouent qu'elle se trouble par les pluies un peu abondantes, par suite, assurent-ils, du mélange des eaux de ruissellement. La température se rapprocherait de la constante, chaude en hiver, froide en été; de petites bulles de gaz viennent crever à la surface, mais toutefois à un degré moindre qu'aux sources gazeuses de l'oasis de Gère-Bélesten qui jaillissent presque en face sur la rive gauche du gave. L'analyse de cette eau a démontré que sa composition chimique présente de grandes similitudes avec celle de l'eau du gave à Arudy; il y a tout lieu de croire que l'eau des sources de Béon est de provenance fluviale et qu'elle est douée des mêmes qualités, bonnes ou mauvaises, suivant les conditions météorologiques. »

« La discussion qui eut lieu sur ce rapport au Conseil d'hygiène, et lors de laquelle il fut notamment affirmé que l'altitude de ces sources était inférieure à celle du col de Rébénacq, et que par suite leurs eaux ne pourraient pas être amenées par la conduite actuelle, aboutit à cette conclusion que la ville de Pau n'avait aucun avantage à utiliser les sources de Béon » [1].

On s'en est donc tenu (dans les conditions qui vont être rappelées) à l'emploi de l'Œil-du-Néez qui jaillit, plus au nord, près de Rébénacq.

« Depuis l'année 1898, il a été démontré expérimentalement que l'Œil-du-Néez n'était pas une véritable source, mais une fontaine vauclusienne alimentée par une dérivation souterraine du Gave d'Ossau. » (*H. Faisans*).

« À 2 kil. 5oo au delà de Rébénacq, sur la droite de la route d'Eaux-Bonnes, jaillit une source très abondante appelée l'*Œil-du-Néez*.

« Dix-sept cents mètres en amont, une autre source émerge dans des conditions identiques; on l'appelle : *Hountdernatz*.

« De tout temps il a été admis que ces deux sources étaient simplement de puissantes dérivations du Gave d'Ossau.

« Les riverains avaient remarqué que les eaux se troublaient légèrement lorsqu'il y avait eu la veille un orage dans la vallée d'Ossau. Celles du Hountdernatz arrivaient plus troubles que celles de l'Œil-du-Néez.

« Un gouffre existait à Izeste; mais les crues le comblaient parfois de cailloux; alors le Hountdernatz diminuait ou cessait de couler. Un beau jour la digue de Louvic se rompit, le gouffre se combla définitivement et le Hountdernatz fut à sec.

« L'eau cependant y reparut quelque temps après, et n'y a jamais fait défaut depuis.

« Un autre gouffre existe au-dessous d'Arudy, au coude que fait le gave devant Sévignacq. Là, pensait-on, était l'origine de l'Œil-du-Néez.

« Au mois d'août 1898, des expériences furent tentées afin de déterminer d'une façon précise les conditions dans lesquelles l'eau arrivait à l'Œil-du-Néez. Ces expériences, deux fois répétées, ont donné des résultats identiques.

« Un journal de Pau en ayant rendu compte, mais non sans commettre plusieurs erreurs, nous croyons intéressant d'en parler ici.

[1] H. FAISANS, maire de Pau, *Filtration et épuration des eaux potables*, exposé au conseil municipal en date du 23 octobre 1903, in-12, 67 pages, Pau 1903.

« De la matière colorante (fluorescéine) a été jetée dans le Gave au-dessous d'Arudy, entre cette localité et le gouffre.

« La distance à vol d'oiseau qui sépare le gouffre d'Arudy de l'Œil-du-Néez est de 4 kil. 400, et la différence de niveau entre les deux orifices est de 87 mètres. Malgré cette petite distance et cette forte pente, l'eau du Néez ne s'est colorée qu'après 18 h. 1/2. Quant à celle du Hountdernatz, elle s'est colorée 5 heures plus tôt.

« Les deux sources sont donc actuellement approvisionnées par le gouffre d'Arudy, et l'eau met 13 h. 1/2 pour arriver au Hountdernatz (2 kil. 700), et 18 h. 1/2 pour parvenir à l'Œil-du-Néez (4 kil. 400).

« Il n'est peut-être pas inutile de rappeler que le Gave d'Ossau a coulé autrefois dans la vallée actuelle du Néez [1]. À l'époque glaciaire quaternaire, le glacier d'Ossau éleva sa moraine frontale droit devant lui et ferma le bassin de ce côté; cette moraine frontale forme aujourd'hui le coteau de Bescat. Un lac couvrit ensuite pendant des siècles le bassin d'Arudy, puis creusa le déversoir pittoresque du Germe. C'est sans doute au travail de cette nappe d'eau dans les boues glaciaires de la moraine et dans les roches calcaires du sous-sol que sont dus les conduits souterrains; mais si compliqués qu'on se figure ces derniers, le temps mis par l'eau à les parcourir n'en demeure pas moins surprenant. » (*Bulletin pyrénéen de Pau*, n° 11, septembre 1898).

[Il résulte de ce renseignement intéressant que la vitesse souterraine est jusqu'à Hountdernatz de 200 mètres à l'heure (3 m. 33 à la minute) et jusqu'à l'Œil-du-Néez de 238 mètres à l'heure (4 mètres à la minute). Cette lenteur n'a rien d'étonnant, d'après ce que l'on connaît maintenant des obstacles présentés par les cavernes à l'écoulement de l'eau; et, dans ce qui précède, nous avons déjà constaté à Hount-de-Ras-Hechos, à Poudak et à Betharram des vitesses beaucoup moindres, inférieures même à 1 mètre par minute.] (V. *Spelunca*, bull. n° 15, 3° trim. 1898, page 136.)

Comme complément à ce qui précède, M. Camilou écrivait le 6 octobre 1902 :

« En 1901, des expériences à la fluorescéine, faites par le comité d'hygiène de Pau et par M. le Dr Barthé, ont prouvé que le Néez n'avait pas de source, mais qu'il était un dérivé du Gave d'Ossau.

« Depuis quelques années on avait déjà constaté une perte du Gave d'Ossau, près d'Izeste.

« Il est donc certain qu'entre la vallée du Gave d'Ossau et celle du Néez, entre Izeste ou Arudy peut-être et Rébénacq, il existe un passage souterrain, *tout à fait libre*, avec cavernes, envoûtements et siphons.

« Il n'y a dans le parcours ni drainage, ni filtrage des eaux. Les eaux du Néez, servant à l'alimentation de la ville, reflètent exactement l'état du Gave d'Ossau; et elles nous arrivent souvent troubles quand le Gave d'Ossau l'est et que rien en deçà, dans la vallée du Néez, n'est de nature à troubler ces eaux [2]. »

La ville de Pau qui s'y alimentait a donc dû rechercher les moyens de se procurer de meilleures eaux potables; et le rapport de M. Faisans est un excellent exposé des différents systèmes de filtres et de stérilisation employés jusqu'à sa date par les grandes villes de France et d'Europe.

Il a conduit à l'adoption du système Puech-Chabal pour la filtration des eaux sur

---

[1] Par-dessus le seuil de Sévignac. — V. L. Carez, *Bull. Soc. géologique*, 1910, p. 73.

[2] Voir Martel. *Spéléologie au xx° siècle*, p. 161 (*Spelunca*, n° 41, 1905).

sable submergé; à ce sujet le Conseil supérieur d'hygiène publique de France a adopté le 10 juillet 1905 le rapport favorable de MM. Ogier et Bonjean dont voici quelques extraits [1] :

« La ville de Pau est alimentée en eau potable par une source vauclusienne, dite « l'Œil-du-Néez », qui est une résurgence du Gave d'Ossau. Elle jaillit à travers des terrains granitiques et calcaires, à 20 kilomètres de Pau et elle est éloignée de 2 kilomètres environ de l'agglomération la plus proche. Son débit est de 145 mètres cubes par minute, en étiage. Elle a été captée en 1863 et depuis cette époque la ville de Pau en utilise une dérivation de 100 litres par seconde.

« De nombreuses analyses de la source du Néez, faites au laboratoire du Comité (1898-1900) et à Pau (1899-1900), ont montré que cette eau est généralement de bonne qualité. Pourtant, comme toutes les sources vauclusiennes, elle est sujette à des contaminations momentanées; on en trouve la preuve dans ce fait qu'à la suite des pluies importantes elle présente un trouble très marqué, comme le Gave d'Ossau, dont elle émane; elle peut donc transporter des germes dangereux provenant des agglomérations de la vallée d'Ossau. Il est à noter que, pour des raisons qui ne sont pas encore bien établies, l'eau distribuée à Pau a été plus souvent et plus fortement troublée dans ces dernières années.

« Il n'est pas facile de dire exactement quelle a été l'influence de l'adduction de la source du Néez sur l'état sanitaire de la ville. La mortalité globale, d'après les chiffres fournis dans le questionnaire de la circulaire ministérielle du 10 décembre 1900, serait 20,25 pour 1000. Le questionnaire nous signale qu'il y a de temps à autre à Pau des cas isolés de fièvre typhoïde, mais pas de véritables épidémies.

« Quoi qu'il en soit, la municipalité a songé à améliorer la distribution d'eau, et quelques recherches ont été faites dans ce but.

« Nous emprunterons au rapport présenté au Conseil d'hygiène par le Dr Henri Meunier la plupart des renseignements qui suivent, au sujet des conditions dans lesquelles se présente le projet actuel.

« En dehors de l'Œil-du-Néez on a proposé de capter la source de Béon qui jaillit dans la vallée d'Ossau, à 12 kilomètres du Néez et à 34 kilomètres de Pau; *la qualité de cette source n'a pas été bien établie.* D'ailleurs il est probable que son adduction offrirait des difficultés, car il faudrait traverser la montagne de Sévignacq plus élevée que le point d'émergence.

« Néanmoins M. le Dr Barthé, de Pau, estime que l'on ne doit pas rester indifférent sur la question de ces eaux de Béon.

« Le dossier ne renferme pas d'enquête géologique.

« Le Conseil départemental d'hygiène et, plus tard, le Conseil municipal ont donc admis en principe qu'il convenait de conserver la distribution actuelle et d'améliorer ses eaux par une purification préalable; le système adopté est celui de la filtration sur le sable submergé. (Le projet a été dressé par M. Chabal.)

« En résumé, le projet de filtration des eaux de l'Œil-du-Néez, tel qu'il est présenté, aura pour résultat de donner de l'eau toujours limpide à la population de Pau. Il est vraisemblable d'admettre que la filtration améliorera, *dans une certaine mesure*, la

---

[1] *Recueil des travaux du comité consultatif d'hygiène publique de France*, t. XXXV, année 1905, p. 405-409.

qualité de l'eau de l'Œil-du-Néez; des analyses fréquentes devront permettre de s'en assurer.

«Dans ces conditions, tout en reconnaissant qu'il y aurait pour la ville de Pau un grand intérêt à distribuer *des eaux naturellement pures*, nous proposons à la première section de déclarer qu'elle ne s'oppose pas à l'exécution du projet de filtration des eaux actuelles. »

L'abandon des eaux du Béon a soulevé des protestations. En 1906 parut à Pau une petite brochure [1] dont voici quelques passages :

«Quand on capta l'Œil-du-Néez, on crut avoir capté une vraie source. Il faut savoir qu'alors la science des Sources et Eaux était encore à naître, et les microbes inconnus.

«L'eau du Néez se trouble dès qu'il pleut sur Ossau ou sur Oloron !

«A cette époque, on ignorait la gravité de la chose. Maintenant nous savons qu'il n'en est pas de plus grave. L'*Œil-du-Néez* n'est pas une source, c'est tout simplement une dérivation du Gave !

«Il n'y a pas un paysan béarnais, si pressé qu'il soit de la soif, fût-ce un midi de juillet, qui se résignât à se désaltérer dans ce Gave où il voit passer des chiens crevés, des chats pourris, et où il sait bien que se déversent les immondices de cent villes et villages !

«Est-il rien de plus pressé que de nous donner à boire autre chose que l'eau qui a passé par les baignoires et buvettes des Eaux-Bonnes et des Eaux-Chaudes, et qui a servi de grand égout à vingt villages et à mille fermes ?

«On ne peut songer aux filtres, dit le Comité consultatif d'hygiène de France, «qu'après avoir épuisé tous les moyens de trouver de l'eau *naturellement* pure. »

«Cela va sans dire, n'est-ce pas? Nous ne sommes pas dans le Sahara, où les sources sont plus rares qu'ici les diamants. Nous sommes à deux pas des inépuisables réservoirs des Pyrénées. Il n'y a aucun doute qu'il y ait des sources à notre portée.

«Ainsi ferait chacun de nous, dans son particulier. Si le puits de votre maison se trouve infecté par des infiltrations de purin ou de fosses d'aisance, est-ce que vous courez acheter un filtre ? Cent fois non, n'est-ce pas? Du purin filtré est toujours du purin, vous n'en voulez pas; vous vous contentez d'envoyer la bonne chercher l'eau à quelque source voisine bien pure. . . .

«Cette source bienheureuse, ils l'ont trouvée ! Et bonne ! Et pure ! Et abondante ! C'est la source du Béon !

«La source ou plutôt les sources (il y en a une douzaine, dont quatre qui sont chacune du volume d'un corps d'enfant), jaillissent du roc au pied du Pène de Béon, sur la rive *droite du Gave*, mais à une *grande hauteur au-dessus* de ce torrent, dans la commune de Béon, à 13 kilomètres plus loin de Pau que l'*Œil-du-Néez*. Le volume total n'a jamais été mesuré, mais il dépasse assurément 300 litres par seconde.

«*De mémoire de Béarnais* (notez bien ces points essentiels), *ces sources ne se sont jamais troublées. De mémoire de Béarnais, leur débit n'a jamais varié.*

«Ils ont confié l'étude de la source de Béon à un jeune savant dont le nom est

[1] *La question de l'eau.* Béon ou le Gave ? par un vieux Palois, in-18, 17 pages, reproduisant des articles publiés dans le journal *La Frontière*.

connu de nous tous, le Dr H. Meunier, qui a procédé selon toutes les règles de la science. Et voici les résultats de son examen minutieux :

« 1° L'eau était d'une parfaite limpidité, bien que le savant eût choisi une période de pluies d'avril abondantes succédant à une période de chaleur, qui avait fondu les neiges. Tandis que l'eau du *Néez* était trouble et sale, Béon jaillissait limpide ;

« 2° La température de Béon est de près de 5 degrés plus froide que celle du Gave, alors que celle du Néez n'est que de 2 degrés plus froide. Ce fait, joint au précédent, atteste que Béon n'a aucun rapport avec le Gave, tandis que le Néez est l'eau du Gave légèrement rafraîchie par le parcours souterrain ;

« 3° Le microscope a été tout aussi décisif : il a démontré dans l'eau du Néez l'existence des microbes infectieux, introuvables dans l'eau du Béon ;

« 4° Soumises au même ensemencement d'expérience, les deux eaux se comportent inversement : le Néez devient horriblement fétide, Béon demeurant inodore !

« 5° Enfin, inoculée à un lapin, l'eau du Néez le tue rapidement, comme le fait l'eau du Gave ; l'eau de Béon ne le rend même pas malade !

« Il vous suffit de parcourir le *Bulletin municipal* (août 1906), où vous verrez un rapport fort détaillé signé Escuret, et un autre signé Larregain.

« Vous pouvez lire, dans le *Bulletin,* qu'il y aura lieu, « plus tard », de soumettre l'eau de Béon à une étude scientifique pour savoir si elle ne serait pas une simple dérivation du Gave et si l'on peut en boire sans danger !

« Et de même pour le débit. Comme tous les indigènes connaissent l'énorme volume de ses eaux, on se garde bien de rien affirmer, mais on dit que c'est à voir, que peut-être ces sources tarissent (!!) par les grands froids (!!!).

« Palois mes amis vous voilà informés ; à vous de décider.

« Déclarez tout haut que vous ne voulez pas boire de l'eau du Gave, même filtrée au gravier du Gave.

« Déclarez tout haut que vous voulez boire de l'eau pure de Béon. »

Le 21 décembre 1906 (par seize voix contre neuf, paraît-il) le Conseil municipal de Pau a voté 600,000 francs pour l'installation de filtres Puech-Chabal destinés à épurer l'eau de l'Œil-du-Néez.

La minorité a essayé de protester et de remettre la question du Béon à l'étude, en confiant une contre-enquête à un collaborateur de la carte géologique. Mais cette tentative n'a pas abouti.

Enfin, le 18 juin 1908, le Conseil supérieur de surveillance des eaux d'alimentation destinées à l'armée, ayant eu à examiner un projet de convention avec la ville de Pau pour fourniture de l'eau nécessaire à la caserne Bernadotte, a adopté un rapport de M. Bonjean qui reproduit celui de 1905 au Conseil supérieur d'hygiène et qui se termine ainsi :

« Votre rapporteur — tout en faisant d'expresses réserves sur la qualité de l'eau qui n'est pas envisagée dans le projet de convention faisant l'objet d'avis favorables de toutes les autorités militaires consultées jusqu'à présent — vous propose de ne pas vous opposer à l'acceptation de cette convention, en faisant toutefois savoir à qui de droit que notre Conseil :

« 1° Ne saurait donner un avis précis sur la qualité de cette eau ;

<table><tr><td>M. Martel.</td><td align="right">3</td></tr></table>

« 2° Qu'il y aurait lieu de déterminer par des analyses chimiques et bactériologiques répétées la valeur hygiénique de cette eau;

« 3° Que dans le cas où les résultats ne seraient pas satisfaisants, il serait utile d'achever l'épuration de cette eau dès son arrivée à la caserne, soit au moyen d'une installation de filtres non submergés, ce qui, à notre avis, représenterait un minimum de dépenses pour un maximum d'épuration, soit par tout autre procédé efficace ».

Telle est, rapportée tout au long, la question des eaux de Pau, capitale pour une ville où tant de malades vont chercher la santé!

Or, le 28 août 1908, avec Rudaux, Jammes et Jeannel, j'ai recueilli, entre Laruns et Béon, les indications ci-après, qui me paraissent fort importantes pour ladite question.

A 1 kilomètre au sud des sources de Béon, celles que l'exposé Faisans désigne comme « sources gazeuses de l'oasis de Gère-Belesten... sur la rive gauche du gave » sont extrêmement abondantes. Par deux bassins principaux (rappelant ceux du Loiret) et par d'innombrables émergences secondaires, elles jaillissent à 452 mètres environ d'altitude, 1 m. 50 ou 2 mètres *plus haut* que le gave (450 mètres), distant seulement d'une cinquantaine de mètres. Leur volume est considérable et leur température de 8°,5 (8 à 9 degrés en quinze places différentes et selon la distance du bord), alors que le gave est à 17 degrés. Elles sortent avec une grande abondance et un fort bouillonnement (de bulles d'air plutôt que de gaz) d'un fond de sable toujours en mouvement. Le ruisseau qu'elles forment est très gros et se jette tout de suite au gave. La différence de température (8°,5) avec ce dernier exclut formellement toute idée d'infiltration ou réapparition de ce dernier.

A 2,500 mètres plus au Sud, juste à l'amont d'un passage à niveau, sous le côté Est de la route, entre celle-ci et la voie ferrée, à 475 mètres d'altitude, une autre source, moins forte, jaillit brusquement dans des buissons et forme l'étang de la ferme voisine. Sa température est également de 8°,5. Elle jaillit au pied même du Saint-Mont (1,877 et 1,902 mètres) : je l'ai trouvée, parce que mon attention a été attirée de l'autre côté de la route, en pleine roche calcaire, par un ravinement qui m'avait semblé être une ancienne sortie d'eau.

Au contraire, les émergences de Gère-Belesten sont à près de 1 kilomètre du pied de la montagne, dont les sépare toute la plaine d'alluvions et remplissages détritiques du thalweg. (Les cotes du texte diffèrent de la carte, ayant été rectifiées en 1910.)

Or, en jetant un coup d'œil sur la carte, on voit que les trois lieux d'émergence sont *exactement sur une même ligne droite :* l'existence d'une grande cassure les amenant au jour (sans doute celle-là même qui a dirigé le creusement de la vallée) est une hypothèse qui s'impose, je dirai presque une certitude.

Leur température, si fraîche en plein été, affirme que la provenance de leur eau est élevée. Il faudra la rechercher tant à l'Est qu'à l'Ouest du gave, en haut des formations de calcaires dévoniens et carbonifères de Pène de l'Oust (1,724 mètres), Pic de Momble (2,051 mètres), Pic Tousso (1,684 mètres), à l'est; Saint-Mont (1,902 mètres), Pic Montagnou (1,974 mètres), Col d'Aron (1,796 mètres), etc., à l'Ouest. Le dessin de la carte montre là des sommets et plateaux (inhabités) avec ruisseaux interrompus et dépressions sans issue pour les eaux. Il est probable que les infiltrations d'eaux pluviales s'y réalisent en de nombreux points d'absorption et que, comme dans les Alpes, en Dalmatie, au Caucase occidental, les eaux souterraines ressortent froides, drainées par la profonde vallée du gave et dégorgées par sa cassure aux trois groupes d'émergences en question. L'analyse minéralogique des sables de celles de Gère-Bélesten renseignera sans doute quelque peu sur l'origine de l'eau.

La recherche détaillée de cette origine, sur le terrain des zones d'absorption qui la constituent, devrait être confiée à M. Bresson, le géologue chargé de dresser la carte géologique dans cette région qu'il connaît particulièrement bien [1].

Dès maintenant il importe de faire faire des analyses chimiques et bactériologiques de l'eau de Gère-Bélesten : elle doit être filtrée par une épaisseur assez grande de terrains alluvionnaires et meilleure sans doute que celle du Béon (qui est à l'aval de l'agglomération). *On ne saurait comprendre la légèreté ou le parti-pris* qui a fait négliger ou repousser par la ville de Pau cette ressource d'eau alimentaire qui, *a priori*, paraît à la fois pure et abondante. Les arguments tirés des dépenses d'adduction ne sauraient subsister. Un court tunnel franchira le seuil de Sévignacq (entre Arudy et Rébenacq) à bien moins de frais que ne l'ont prétendu des devis très exagérés.

Les conditions d'émergence et de température des trois venues d'eau de Béon, Gère-Bélesten et Saint-Mont imposent cette conclusion formelle que le plus sérieux examen de leur origine, de leur composition chimique et de leur teneur bactériologique doit être entrepris sans délai.

La ville de Pau persisterait à mon avis dans une grave erreur en s'y refusant, et en rejetant systématiquement des eaux qui se montreront sans doute infiniment meilleures que celles, même filtrées, de la résurgence d'Œil-de-Nécz.

Pour ne pas revenir sur cette question dans un rapport ultérieur, j'indiquerai ici même comment j'ai eu récemment l'occasion de compléter ces indications, avec M. Ed. Bonjean, chef du laboratoire du Conseil supérieur d'hygiène publique, à la suite d'une enquête prescrite par le Conseil supérieur des eaux de l'armée, sur les eaux alimentant la ville de Pau et ses filtres Puech-Chabal, qui se trouvaient à cette date en voie d'achèvement.

Les sources de la grande cassure de la vallée de Laruns sont bien plus nombreuses qu'on ne le disait.

Au passage à niveau (cote 474,36) il y en a trois (à 8°8) au lieu d'une; au delà et plus haut, à Géten, une quatrième coule très abondante, mais en hiver seulement.

A l'oasis de Gère-Bélesten les sources sont encore à 8°5–8°7, mais le gave a 7° seulement. L'indépendance est définitivement prouvée.

Au passage à niveau (cote 453,12) de l'oasis, une petite source des alluvions est à 9°8.

Les sources de Béon forment dix ou douze résurgences, toutes à 451 mètres et à 8°. L'opinion du docteur Meunier, qui en fait une émergence du gave, est *fausse*. Mais elles jaillissent juste en dessous de quatre maisons qui les contaminent certainement, et dont l'expropriation serait nécessaire si l'on utilisait ces eaux. De plus, selon le docteur Meunier, directeur du bureau d'hygiène de Pau, il y aurait derrière Pène de Béon des abîmes où les bergers jetteraient les bêtes mortes; l'un d'eux aurait au moins 40 mètres de profondeur : la loi de 1902 permettrait de les voûter ou de les enclore.

---

[1] Voir A. Bresson. Formations anciennes des Hautes et Basses Pyrénées, *Bull. serv. Carte géolog. de France*, n° 93, 1903.

Plus loin, à 1000 mètres au Nord et sur la rive droite, une autre grosse source, à 8° jaillit d'un ravin à 465 mètres.

Plus bas, sur la rive gauche, autre forte source à Aygalade.

En résumé les sources de Béon sont les issues de formidables infiltrations souterraines. La rive gauche du gave n'est pas moins riche. Il est regrettable de ne pas utiliser ces eaux de montagnes, dont les causes fort restreintes de contamination seraient faciles à supprimer entièrement.

2. GOUFFRES D'ANOUILLAS, GROTTES DES EAUX-CHAUDES, ETC.

Selon les renseignements recueillis et la croyance universelle, les *terribles gouffres* du Pic de Ger (entonnoirs d'Anouillas, au col de Lurdé) dont on disait ne pas même soupçonner la profondeur, communiquaient plus ou moins directement avec la cascade souterraine des Eaux-Chaudes.

Nos recherches y ont été particulièrement entravées[1] par le mauvais vouloir ou l'impéritie des gens des Eaux-Bonnes; le concours du maire de cette commune nous a fait complètement défaut, malgré l'engagement qu'il avait pris envers moi l'année précédente.

Cependant grâce à l'initiative et au dévouement de mes collaborateurs, nous avons pu y recueillir les utiles constatations suivantes :

Le plateau d'Anouillas (crétacé supérieur) est, au pied occidental du Pic de Ger (2,612 mètres), une vaste zone d'absorptions des eaux pluviales. Du Nord au Sud, de la Combe de Balour au col de Lurdé, sa coupe représente deux cuvettes emboîtées, ou un cirque à deux gradins. Le haut de la combe de Balour est séparé du premier gradin (cuvette supérieure) par une crête ou bourrelet (1,850 mètres) de 25 à 30 mètres de haut, d'où l'ensemble de la dépression se montre sous son réel aspect de bassin fermé. La deuxième cuvette est à 1,813 mètres d'altitude. (Voir fig. 24.)

Sur les deux gradins abondent les entonnoirs d'absorption très nets, mais obstrués pour l'homme. Dans presque tous pourrissent des cadavres d'animaux[2] !

Gouffre d'Anouillas. — Vers 1,925 mètres d'altitude, s'ouvre le plus grand gouffre où de regrettables incidents nous ont empêchés de descendre. Cependant les constatations suivantes ont pu être faites et ne sont pas sans intérêt.

[1] Tandis que Fournier, Maréchal, Jammes, Jeannel, accompagnés de M. Stuart-Menteath, géologue bien connu, et de deux Basques dévoués, amenés de Licq, montaient à Anouillas par la combe de Balour munis seulement de cordes de sonde, le convoi de campement, d'échelles et de cordages, accompagné par Le Couppey de la Forest, Bourgeade et moi-même et passant par le Gourzy, fut égaré par une erreur (volontaire ou non?) des soi-disant *guides*, qui seuls avaient consenti à nous fournir de très insuffisantes bêtes de somme; ils nous abandonnèrent même en plein brouillard dans la montagne, à la tombée de la nuit, à la cabane *La Carrée* ou de la Fontaine (au-dessus des Eaux-Chaudes, 1,550 mètres) au lieu de nous conduire, selon nos conventions, à celle d'Anouillas où avait été fixé le rendez-vous général; par le plus grand des hasards nos deux escouades purent se rejoindre dans la brume et bivouaquer à la cabane La Carrée; mais le matériel n'ayant pas été transporté sur place en temps voulu, la descente du gouffre ne put être effectuée.

[2] M. Gaurier, chargé par le comité d'études glaciaires dans la région, a fait savoir à M. Ch. Rabot qu'il connaissait et avait sondé sept gouffres dans le massif du Ger. Son concours serait précieux pour une nouvelle recherche. En 1908, il a été lui-même victime des *sauvages* de la vallée d'Ossau, qui ont pillé ou brûlé son matériel de campement.

Comme beaucoup de ses pareils, le gouffre s'ouvre, non pas dans le bas d'une dépression, mais sur une pente, à 112 mètres au-dessus du fond d'Anouillas (1,813 mètres) et même tout près d'une crête (d'environ 2,000 mètres). La clôture qui l'a entouré pendant quelque temps est entièrement démolie (les barres de fer ont été,
paraît-il, volées par les pâtres), de sorte que les bestiaux peuvent y tomber et leurs
carcasses y être jetées. Le 25 août il recueillait un filet d'eau (1 litre au plus par seconde) formant même cascatelle. La sonde s'y est arrêtée d'un côté à 52 mètres, de
l'autre à 60 mètres, au lieu des centaines de mètres de profondeur qu'on alléguait.
D'après le bruit des pierres précipitées, MM. Stuart-Menteath, Maréchal, Jammes et
Jeannel pensent que l'abîme est bouché; Fournier estime au contraire qu'il doit être

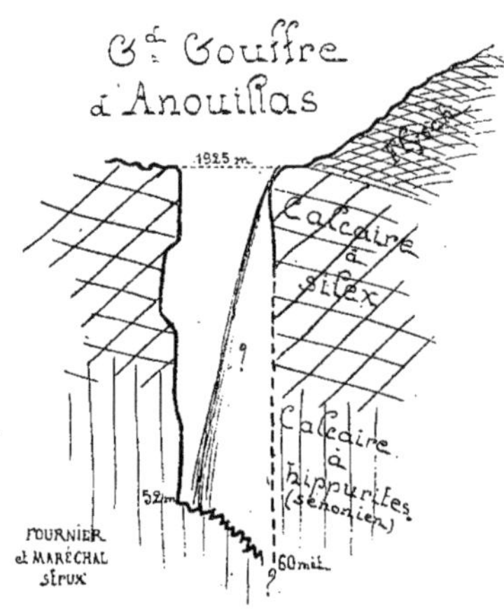

Fig. 23.

prolongé par un second puits de profondeur inconnue, et il considère la moitié supérieure du gouffre sondé comme creusé dans le calcaire à silex du maëstrichtien et sa
moitié inférieure dans le calcaire à hippurites (campanien, santonien et turonien).

Pour être fixé, la descente n'eut peut-être pas suffi, car un bloc d'éboulis coincé
dans une fissure détermine trop souvent la formation d'un bouchon d'éboulis. Le flysch
(en principe imperméable) rapporté ici au cénomanien, et qu'on remarque *au-dessus* du
gouffre, au sud du sentier, est considéré comme renversé et comme chevauchant par-
dessus le calcaire à hippurites [1]. Les importants pointements d'ophite (diabase
ophitique) du fond d'Anouillas dénoncent le voisinage d'affleurements triasiques marneux, qui ont pu arrêter la perforation subséquente du gouffre. D'ailleurs le trias se
montre au nord et au sud du col de Lurdé, du pied de l'Arcizette aux escarpements de
la vallée d'Ossau. Pour ma part, je croirais volontiers que le grand gouffre d'Anouillas

[1] «L'éruption du granite amphibolique des Eaux-Chaudes et de Cauterets est tenue pour post-dinan-
tienne (carboniférien). Le crétacé supérieur (turonien et sénonien) des Eaux-Chaudes et du Pic du Ger
a été recouvert par le trias ou le paléozoïque, puis soulevé à 2,000-2,600 mètres.» (A. Bresson, *Bull.
Soc. géolog. de France*, 1906, p. 845 et suiv. [C. R. de l'excursion de 1906].)

n'arrive pas même à 100 mètres de profondeur en tout, et que les eaux qu'il absorbe vont ressortir, au contact des ophites, dans le fond, humide et marécageux, d'Anouillas.

La reprise de l'exploration s'impose, d'autant plus que M. Gaurier connaît d'autres gouffres. Mais il faudra l'effectuer par les Eaux-Chaudes, où nous nous sommes assurés des concours plus sûrs qu'aux Eaux-Bonnes. Et l'adjonction d'un gendarme sera nécessaire !

Nous avons, dans la haute vallée d'Ossau, examiné le versant ouest du massif calcaire d'Anouillas et du Pic de Ger.

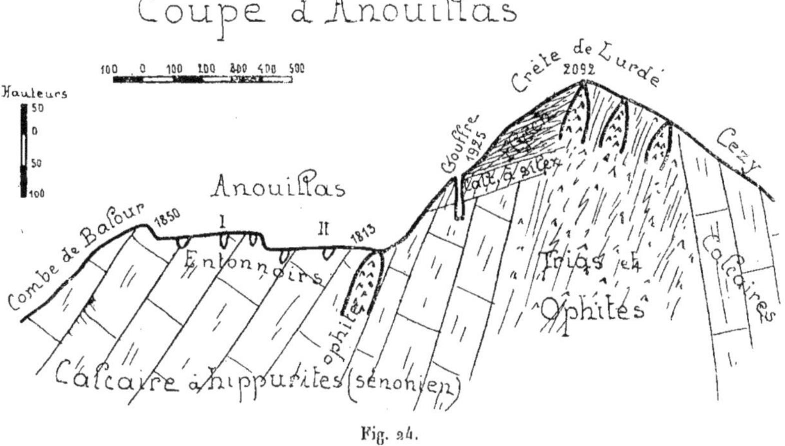

Fig. 24.

En amont et en dessus des Eaux-Chaudes, et des deux côtés de la vallée, le contact du granit imperméable et du calcaire fissuré a déterminé plusieurs résurgences.

Cascade du Pont-d'Enfer. — Sur la rive gauche d'abord, la cascade du Pont-d'Enfer sort, vers 700 mètres d'altitude, d'une fissure qu'on dit pénétrable aux très basses eaux. Il paraît qu'on a pu y parcourir un *lac* d'une vingtaine de mètres de longueur, clos par la voûte mouillante. On nous a affirmé que l'eau venait des petits lacs sans écoulement dits *Puits dets Coungras*, parce qu'un essai de captage de l'eau de ces lacs aurait tari la Cascade d'Enfer. Ces lacs sont à 6 kilomètres ouest à vol d'oiseau (et à 600 mètres de distance sud-est du col d'Iseye, 1,850 mètres). Entre les deux points, le calcaire crétacé domine.

D'autre part, à 3 kilomètres et demi au nord-ouest du Pont d'Enfer, au pied des Pics Lasneres (2,007 mètres), d'Iseye (2,125 mètres) et de la Gentiane (1,750 mètres) il existerait au plateau d'Arrioutort « des gouffres dits *abîmes d'Arrioutort* et inexplorés jusqu'à ce jour »[1].

La cascade du Pont d'Enfer a été partiellement captée pour les usages électriques :

<hr>

[1] GUIDE JOANNE, *Pyrénées*, 1907, p. 1025.

il serait sans doute possible de l'utiliser plus complètement; mais cela gâterait un joli site; et un ouvrage plus important à l'aval, dans la gorge du Hourat, serait de beaucoup préférable.

Quant à son emploi comme eau potable, il faut le déconseiller formellement à cause de l'existence du hameau de Goust juste au-dessus de l'émergence.

Pour en revenir à la région d'Anouillas, sur la rive droite du gave, plusieurs émergences sont échelonnées à de croissantes hauteurs, par suite du relèvement du substratum granitique du Sud au Nord.

La première, vers 700 mètres d'altitude, est presque à la sortie du village, sur le vieux chemin de la grotte. Elle jaillit de fissures rocheuses à 8°,5. On veut la capter pour l'alimentation des Eaux-Chaudes : au préalable il faudra en faire des analyses bactériologiques et rechercher son issue sur le granit même, pour réaliser le captage dans la roche en place; sa situation topographique est d'ailleurs excellente, sans causes apparentes de contamination rapprochée.

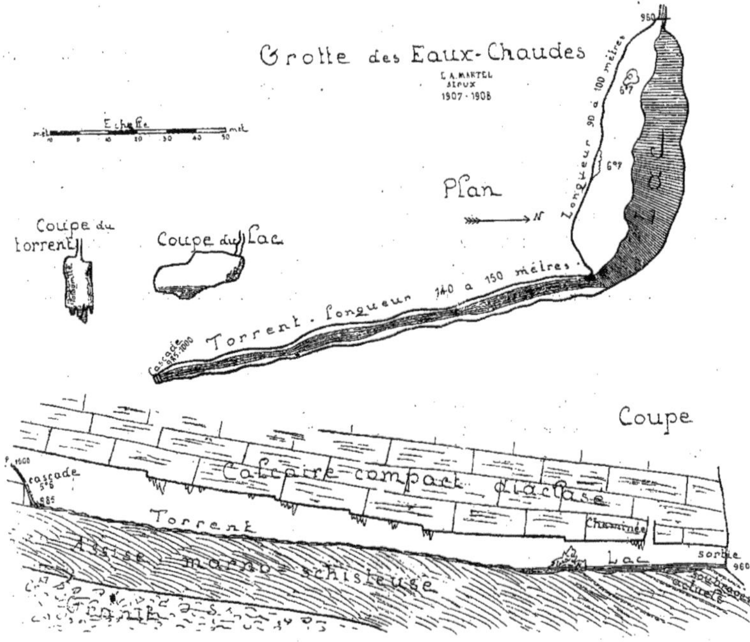

Fig. 25.

Grotte des Eaux-Chaudes. — Avant d'arriver à la grotte principale des Eaux-Chaudes on trouve, à 895 mètres, une autre résurgence qui jaillit d'une voûte pénétrable seulement sur quelques mètres. L'eau était (le 19 juillet 1907) à 6°,9 et le 28 août 1908 à 6°,5, soit 1°,3 et 0°,5 de plus qu'a la grande grotte. L'origine des deux eaux est donc différente, à moins que, par suite d'un débit moindre ou d'un plus intime contact avec la roche (préjugeant la conduite forcée) la température normale s'établisse mieux à la première grotte. Une troisième sortie d'eau est un peu plus loin, à droite et en contre-bas (25 mètres) du chemin, vers 935 mètres d'altitude; une corde est utile pour y descendre le long d'une excessive déclivité; pénétration impossible; température (28 août 1908) : 6 degrés. Enfin la grande grotte des Eaux-Chaudes s'ouvre tout à côté, à 960 mètres (deux fois vérifiés, 1907 et 1908 [1]). D'après nos *mesures au pas*, elle a de 230 à 250 mètres de longueur au lieu des 450 qu'on lui attribue. Sa direction est d'abord ouest-est sur 90 à 100 mètres, puis nord-sud sur 140 à 150 mètres. La largeur varie de 30 mètres (entrée) à 5-8 mètres (au fond); la hauteur, de 8 mètres (entrée) à 10-20 mètres (au fond). Au bout, dans la voûte, s'aperçoit la diaclase directrice; le calcaire est schisteux à la base et surmonté de calcaire compact.

L'extrémité est à 985 mètres, au pied d'une cascade de 15 à 20 mètres de hauteur, arrivant donc à 1,000 mètres d'altitude, soit à 925 en dessous du grand gouffre d'Anouillas et 1,200 mètres plus bas que le pic de Goupey. Fournier et Maréchal, escaladant le côté droit de la chute, ont vainement essayé (quoique les eaux fussent relativement basses) de pénétrer dans le trou d'où elle s'échappe.

Le guide-gardien de la caverne nous a affirmé qu'à la fin de l'été 1907, lors d'un étiage encore plus bas, des touristes auraient réussi cette pénétration; au delà du trou ils auraient, au moyen d'une échelle, franchi un bassin après lequel tout se fermait en siphon. Le fait reste à vérifier, quand les circonstances le permettront, ce qui se présente très rarement. On prétendait, dans le pays, qu'il y avait encore 500 mètres de galeries à parcourir en amont de la cascade [2].

J'ai trouvé la température de la cascade (le 19 juillet 1907) à 5° 6 (la normale étant 7°) et l'air à 6°7 comme l'eau de suintement d'un bassin visité de l'entrée.

Le 27 août 1908 la température de l'air et des flaques de suintement était de 6°5 et celle de la cascade de 6 degrés; écart un peu moindre, le débit étant beaucoup plus faible.

Analyse bactériologique. — Le D\ᵣ Maréchal a effectué sur cette eau une analyse bactériologique qu'il résume en ces termes :

« La recherche des bactéries pathogènes, et en particulier des espèces qui prouveraient la contamination par des matières fécales, m'a donné un résultat négatif. Je n'ai trouvé ni bacille coli, ni bactéries suspectes.

« Cela n'a d'ailleurs rien d'étonnant :

« Les sources vauclusiennes que j'ai étudiées par des séries de prélèvement dans le Jura, pouvant présenter de longues périodes sans traces de contamination, accusent au contraire des crues microbiennes très intenses à certaines époques. Il ne faudrait donc pas en tirer des conclusions prématurées sur les résultats de la source des Eaux-Chaudes, résultats basés seulement sur un seul prélèvement.

« J'ai rencontré dans cette eau des bactéries ordinaires des eaux et en particulier les *Bacillus subtilis, Diplococcus lutens, Micrococcus aquatilis,* et, en général, très peu d'espèces liquéfiantes.

---

[1] D'après les repères (654, 88) de l'hôtel de France aux Eaux-Bonnes, et du Pont d'Enfer (669 665), l'altitude de plus de 1,000 mètres mentionnée est exagérée.

[2] Voir JEANNEL et RACOVITZA, *Archives de zoologie expérimentale*, 4ᵉ s., t. VI, n° 8, 15 mai 1907, Paris, Schleicher.

«L'analyse quantitative, c'est-à-dire la numération des microbes par centimètre cube, n'a pas été faite, puisque je ne pouvais conserver l'échantillon dans la glace.»

Enfouissement des eaux. — A l'issue de la grotte principale, le torrent subit des pertes qui, 20 à 50 mètres plus bas, sur la pente abrupte tournée vers les Eaux-Chaudes, reparaissent par deux issues différentes ; ces fuites de soutirage tarissent aux basses eaux.

Peut-être aussi l'émergence n° 3 est-elle une dérivation de la rivière souterraine des Eaux-Chaudes puisqu'elle est à la même température (6°), toute proche et 25 mètres plus bas.

Ces soutirages s'expliquent tout naturellement, par ce fait que l'issue principale de la grotte est sur un niveau marneux, à la base du calcaire qui surmonte le granit ; celui-ci n'est pas encore tout à fait atteint par les eaux souterraines qui sont, à l'heure actuelle, occupées (au moyen des dérivations en question) à perforer leur dernier support marneux.

Il est bien remarquable de trouver là, encore en activité, le *processus* qui a fonctionné jadis à Pène-Blanque (voir ci-dessus), aux Échelles de Lombrive, etc., pour créer des fuites dans des zones restées quelque temps imperméables.

Seulement si, à la grotte des Eaux-Chaudes, la fuite est incomplète, c'est parce qu'un soubassement granitique, sans fissures, imperméable, a retardé la descente profonde des eaux ; l'érosion extérieure a marché plus vite et alors l'intérieure s'est poursuivie sub-horizontalement plutôt que verticalement.

Tant il est vrai que la lithologie, la nature de la roche, est, plus encore que tous autres facteurs, fonction capitale de la morphologie du sol et du sous-sol terrestre.

Il est certain qu'en amont de la cascade des Eaux-Chaudes doivent s'étendre et se ramifier des galeries, cheminées, tuyaux de descente que l'on ignore, et où l'eau doit circuler en des conduites plus ou moins libres ou forcées, qui demeurent soumises aux forces agrandissantes de l'eau souterraine. Mais tout ce réseau de drainage reste, quant à présent, inaccessible.

Une grosse question d'ordre hygiénique est celle de la *relation* des sources des Eaux-Bonnes et des Eaux-Chaudes avec les absorptions du massif du Ger.

Sources thermo-minérales des Eaux-Bonnes et des Eaux-Chaudes. — MM. Stuart-Menteath et Fournier m'ont fait comprendre sur place comment le pendage des couches crétacées vers le nord et les pointements d'ophite de Lurdé et d'Anouillas doivent (contrairement à l'opinion reçue [1] que j'avais exprimée moi-même dans mon programme préliminaire) diriger les infiltrations des gouffres et entonnoirs d'Anouillas vers les Eaux-Bonnes ; tandis que les cascades souterraines des grottes des Eaux-Chaudes viendraient plutôt des infiltrations de la montagne de Goupey (2,209 mètres) dominant de 1,200 mètres les grottes des Eaux-Chaudes, et dont le crétacé supérieur repose directement sur le granite incliné vers les Eaux-Chaudes. L'étude géologique de M. Bresson (voir note 1, p. 339, *loc. cit.* pl. II) indique aussi nettement un pendage nord du crétacé, des crêtes d'Amoulat-Lurdé à la vallée du Valentin.

Les sources thermales des Eaux-Bonnes (d'ailleurs moins abondantes que celles des

---

[1] Guide Joanne, *Pyrénées*, 1907, p. 129, et *Dictionnaire Joanne*, p. 1663.

Eaux-Chaudes) renferment «une certaine quantité de chlorure de sodium (o gr. 27)
et de sulfate de chaux (o gr. 15) venant s'ajouter au sulfure de sodium [1]. Leur présence peut s'expliquer par le voisinage d'un petit bassin triasique au Col de Lurdé [2]».

Cette hypothèse de M. de Launay appuie l'opinion ci-dessus exprimée. En outre
l'analyse des Eaux-Bonnes y a décélé, paraît-il, des matières organiques, de l'acide
sulfhydrique et des chlorures [3]. Il est difficile de ne pas voir là l'influence, plus ou
moins directe, des *bouillons de culture* élaborés par les pluies sur les carcasses des
entonnoirs d'Anouillas et de ne pas suspecter la pureté microbienne des sources thermo-
minérales des Eaux-Bonnes [4].

M. Stuart-Menteath pense comme moi que les sources des Eaux-Bonnes doivent être
très mélangées avec les eaux superficielles des ravins de Bouy et de Balour (de ce dernier
surtout).

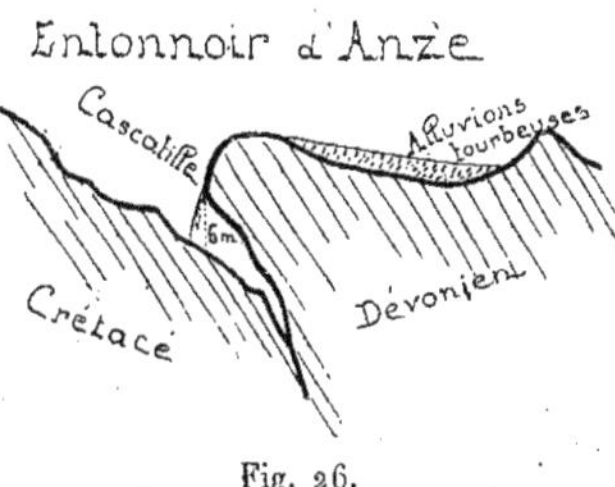

Fig. 26.

Ajoutons que M. Bresson a constaté que le ruisseau le Valentin se perd à Gourette
(5 kilomètres en amont des Eaux-Bonnes) dans une crevasse et ressort à quelques
centaines de mètres à l'aval [5]. Enfin à l'ouest des Eaux-Bonnes, sur le petit chemin
des Eaux-Chaudes, l'entonnoir d'Anzé, au contact du dévonien et du crétacé, absorbe
une cascatelle de 6 mètres de haut. (Fig. 26.)

De tout ce qui précède [6] il faut tirer les conclusions suivantes.

Il est nécessaire :

1° De faire exécuter des analyses bactériologiques des sources des Eaux-Bonnes;

[1] Qui caractérise surtout les sources sulfurées sodiques pyrénéennes (Amélie-les-Bains, Ax, Bagnères-
de-Luchon, Barèges, Saint-Sauveur, Cauterets, Eaux-Chaudes).

[2] L. DE LAUNAY, *Les sources thermo-minérales*, p. 318. Paris, Baudry-Béranger, 1891.

[3] Voir MARTIN, mémoire sur l'altération des eaux minérales des Eaux-Bonnes. *Annales des mines*,
7e série, t. I, p. 307.

[4] Durant notre séjour, la *Gazette des Eaux-Bonnes et des Eaux-Chaudes* du 30 août 1908 a publié
cette information :

«La mission Martel est actuellement dans cette station.

«La mission d'explorateurs dénommée la mission Martel est composée de docteurs, professeurs,
savants, etc., munie de près de 1,500 kilogrammes d'appareils, de cordages, d'échelles, de lampes à
acétylène; elle se propose de rechercher d'où provient l'eau qui débouche des grottes des Eaux-Chaudes.

«La quantité d'eau, en effet, qui débouche des grottes n'est pas proportionnelle au débit du Gave de
Gabas et l'excédent doit provenir du lac d'Artouste par des infiltrations souterraines; c'est ce que ces
Messieurs se proposent de reconnaître en descendant dans les puits qui n'ont jamais été explorés.»

[5] A. BRESSON, Formations anciennes des Pyrénées. *Bulletin de la Carte géologique*, n° 93, 1903, p. 14.

[6] Selon le Dr BRAU, l'ophite «joue un rôle prépondérant dans la minéralisation des eaux ferrugineuses». (Notes sur les rapports de l'ophite avec les eaux ferrugineuses et arsenicales de Bagnères-de-
Bigorre. *Gazette thermale de Bigorre*, 1908.)

2° D'y instituer un bureau d'hygiène, s'il n'existe pas;

3° D'exercer une surveillance médicale des plus sérieuses sur cette station thermale, conformément à la circulaire du Ministre de l'intérieur, en date du 18 juillet 1908 (*Journal officiel* du 21 juillet);

4° De reprendre dans le plus grand détail la recherche et l'exploration des entonnoirs et gouffres d'Anouillas, pour déterminer les points à entourer de grilles ou clôtures contre la chute des animaux ou le jet de leurs carcasses;

5° D'essayer, après les pluies, de copieuses expériences à la fluorescéine, dans ceux des entonnoirs ou gouffres qui absorberont une quantité d'eau suffisante pour se prêter à ces expériences;

6° De prendre à l'avance toutes les mesures administratives et précautions de police indispensables, pour que ces recherches ne soient pas entravées par la population, les médecins et la municipalité des Eaux-Bonnes.

Captage alimentaire de la grotte des Eaux-Chaudes. — Si les sources thermo-minérales des Eaux-Bonnes nous deviennent ainsi suspectes à un degré que fixeront ultérieurement des recherches plus approfondies, faut-il au contraire conseiller l'adduction, comme eau potable, de la cascade souterraine des Eaux-Chaudes.

L'entreprise serait séduisante en raison du débit, même aux plus basses eaux.

L'analyse de M. Maréchal lui serait favorable : mais il indique lui-même qu'une seule expérience est insuffisante. Insuffisante aussi la connaissance que nous avons de la provenance de ces eaux. Sur les pentes du pic de Goupey et sur la montagne de Cézy il faut rechercher, longuement et minutieusement, s'il n'y a point d'entonnoirs absorbants et contaminés par les bêtes mortes.

L'hypothèse d'une infiltration du Gave de Soussouéou dans la *plaine* du même nom (ancien lac colmaté) doit être au moins énoncée. On essaierait de la vérifier en colorant ce gave à la fluorescéine.

Utilisations industrielles. — Passons à l'utilisation industrielle qu'on pourrait réaliser aussi.

Les émergences et sous-émergences des deux grottes des Eaux-Chaudes échelonnées de 895 mètres à 960 mètres d'altitude sur quelques hectomètres d'étendue seulement ne forment point de belles cascades jusque dans le gave; en été surtout elles s'évanouissent entre les éboulis de pente dus à la désagrégation du granit; on n'abîmerait donc nullement le prospect de cette paroi de la vallée en colligeant ces eaux, par un *béal* ou canal (facile à dissimuler dans les bois) qui pourrait être aisément combiné et établi de façon à créer à l'amont des Eaux-Chaudes une chute de 200 mètres de hauteur, en un point à choisir entre Internet (environ 710 mètres) et Pont-d'Enfer (669 mètres). Mais au préalable il faut rechercher quels sont les débits minima des émergences, pour savoir s'ils correspondraient à un rendement rémunérateur.

Le Gave d'Ossau lui-même paraît susceptible, à première vue, d'une belle application de *houille blanche*, sans préjudice des travaux en cours dans la vallée de Soussouéou pour l'électrification d'une partie des lignes du réseau de la Compagnie du Midi.

En effet, il y aurait lieu d'examiner si une installation quelconque ne doit pas être faite à l'issue de la gorge du Hourat.

Quand on vient de Laruns ou des Eaux-Bonnes, simplement par la grande route, on ne saurait traverser cette gorge du Hourat (environ 550 mètres au fond) sans remarquer qu'elle possède le fameux profil en U des soi-disant creusements glaciaires ; or la glace même n'a été certainement pour rien dans son approfondissement ; c'est tout au plus un torrent sous-glaciaire qui l'a effectué, laissant aux parois calcaires de la cluse la trace des tourbillonnements d'eaux qui ont accompli le travail, comme à la cluse du Pont-Baldy de Briançon, sur la Cerveyrette. En amont du Hourat, la vallée est même parfaitement en V, dans les marnes ; c'est encore bien la nature lithologique des terrasses et non l'action de tel ou tel agent dynamique, qui définit le profil des vallées. (Toutefois, sur le chemin de la grotte des Eaux-Chaudes, vers les 700 ou 800 mètres d'altitude, les roches de granite porphyroïde qui apparaissent sous les calcaires montrent des stries et moutonnements indiscutablement glaciaires.)

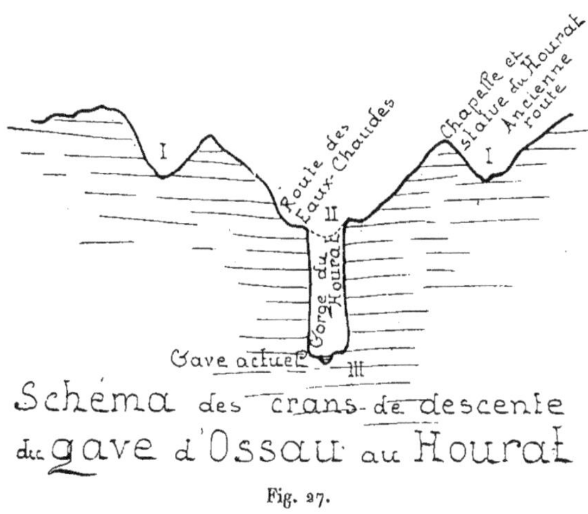

Schéma des crans-de descente du gave d'Ossau au Hourat

Fig. 27.

A l'aval, par la route qui monte aux Eaux-Chaudes, on distingue nettement les trois *crans de descente* du Hourat, conformément au croquis ci-joint. Ce sont les lits successifs du Gave d'Ossau progressivement abaissé.

La première idée qui vient à l'esprit serait de barrer la sortie du Hourat et d'accumuler les eaux en réservoir. Cela serait plein d'inconvénients :

Détérioration du site qui, tout en restant bien inférieur à sa réputation et aux incomparables cañons du pays de Soule, est cependant trop classique et connu pour qu'on le sacrifie ; — incertitude sur l'étanchéité des calcaires encaissants (dolomitiques du dévonien moyen) ; — troubles que pourrait apporter à l'émergence des sources thermales la surcharge d'une accumulation d'eau qui refluerait jusque près des Eaux-Chaudes.

Il est bien plus simple — et la disposition des lieux s'y prête à merveille — d'imiter, à plus petite échelle, ce que la société des forces motrices et énergie électrique du littoral méditerranéen cherche à réaliser en ce moment dans le grand cañon du Verdon, depuis la gorge de Carejuan jusqu'à l'usine du Galetas :

A l'aval du torrent de Bitet on établirait une prise d'eau à Miégebat, vers 720 mètres d'altitude; un canal à flanc de coteau, sur le côté gauche de la vallée, mènerait l'eau par-dessous Goust, et au-dessus du niveau des Eaux-Chaudes, du Pont-Crabé et de l'ancienne route de Laruns — *sans avoir à traverser aucune vallée latérale* — jusqu'en tête de la plaine de Laruns (altitude, 500 mètres), au débouché du Hourat. La distance n'est que de 6 kilomètres environ; la dénivellation permettrait d'obtenir une chute de 200 mètres; la partie aval du gave demeurerait alimentée par les résurgences des grottes de la rive droite (restées libres ou rendues après utilisation locale) et du Pont-d'Enfer.

Quant au débit, il est difficile à évaluer, car le dictionnaire Joanne affirme (Oloron, gave de Soussouéou, etc.) avec O. Reclus que la statistique des cours d'eau, usines et irrigations des Basses-Pyrénées l'exagère.

Cependant il est probable qu'on pourrait canaliser au moins 3 mètres cubes d'eau par seconde, surtout après régularisation du Soussouéou et du lac d'Artouste.

Pour 200 mètres de chute, 3,000 litres par seconde donneraient donc à l'issue du Hourat 6,000 chevaux-vapeur à utiliser dans la région.

Sans atteindre aux chiffres formidables des forces de la Durance, aux 14,000 (ou même 17,500 chevaux) de l'usine de la Brillanne (pour Arles et Marseille) [1], une puissance de 6,000 chevaux n'est certes pas négligeable. Les moyens de l'appliquer ne manqueraient pas entre Laruns et Pau; et il semble que son aménagement serait ici particulièrement économique.

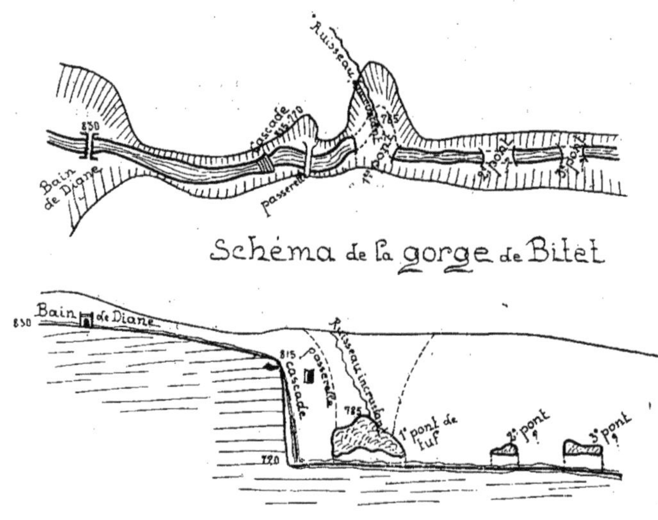

Fig. 28.

Gorge de Bitet. — Un entrepreneur de construction aux Eaux-Chaudes, M. Jean Cumia, nous a conduits (27 août) à un point fort intéresant du Val de Bitet (en amont

<hr>

[1] Voir *La Nature*, n° 1814, 29 février 1908.

de Miégebat) qu'il a découvert et qu'il était en train d'aménager avec autant de soin que d'initiative.

C'est une curiosité hydrologique qui mérite une description et la visite des touristes.

A 2 kilomètres environ de la grande route et à 100 mètres au-dessus, on arrive, par un sentier remontant la rive droite du torrent de Bitet à un pont dit du *Bain de Dinne* (830 mètres), à l'aval duquel le courant suit, dans le crétacé, un petit cañon profond de 15 mètres et large de 5 mètres; ce cañon se termine brusquement par une cascade à pic de 45 mètres de hauteur (815-770 mètres), où tout le torrent s'engouffre dans une grande diaclase; presque dès le pied de la cascade l'eau disparaît, sous un pont naturel, *qui n'est pas un passage à travers la roche en place*, mais simplement une voûte de tuf, dont le dépôt a dû être facilité par une roche éboulée en travers de la cassure; une source très calcarifère et incrustante tombe encore de la falaise de gauche, pour expliquer tout naturellement cette formation; long de 15 à 20 mètres sur 6 à 8 de largeur, ce pont de tuf forme, par-dessous, un tunnel hémi-circulaire; le torrent y court sur 30 à 40 mètres de longueur sous une voûte de 6 à 7 mètres de hauteur et en formant une cascade; de chaque côté règne un trottoir naturel; après avoir revu le jour, le Bitet va, 100 mètres plus loin, s'engouffrer encore sous deux autres ponts plus petits. Les schémas ci-contre rendent toute autre explication superflue. L'ensemble est un remarquable cas spécial du creusement des vallées et des accidents de leur profil en long. Selon M. Stuart-Menteath, il s'est manifesté dans du calcaire crétacé (à hippurites) très métamorphisé sur ses bords par les éruptions de granulite et de porphyre du Pic du Midi.

J'ajoute que, entre Internet et Pont-d'Enfer, un surplomb rocheux menace de tomber sur la route et provoquera quelque jour un accident qu'il importerait de prévenir.

V. PAYS DE SOULE. (Pl. IX.)

1° GOUFFRES D'ARLAS-ERAYCÉ.

L'exploration du haut pays de Soule ou Bassaburia (Tête-Sauvage), aux sources du Saison ou gave de Mauléon, en amont de Tardets-Sorholus, nous a occupés trois semaines, du 31 juillet au 20 août.

En voici le procès-verbal :

Au sud de Mauléon (Basses-Pyrénées), dans les montagnes du pays basque, entre les pics d'Anie (2,504 mètres) et d'Orhy (2,017 mètres), MM. Veïsse, Bourgeade, Dufau, E. Fournier ont récemment exploré et fait connaître (1903-1906)[1] les

[1] Voir *Spelunca* (*Mémoires Société spéléologique*), n° 37, juin 1904, *Grottes et abîmes du pays basque*, par C. DUFAU. L'auteur de ce travail, *le premier* publié sur la région (sauf quelques notes sommaires antérieures de M. Bayssellauce et les mentions de M. Jouve), rappelle qu'il y a vingt ou vingt-cinq ans, à propos d'un projet de chemin de fer, le service des ponts et chaussées avait le premier pénétré dans Cacouette, pratiqué dans ses parois en plein rocher un étroit sentier en encorbellement, et lancé sur le torrent des passerelles vite emportées : le projet ayant été abandonné, c'est en 1903 seulement que MM. Veïsse, Bourgeade, Dufau et Fournier forcèrent à nouveau Cacouette et y firent établir (par M. Bouchet, en 1906) 13 passerelles en bois.

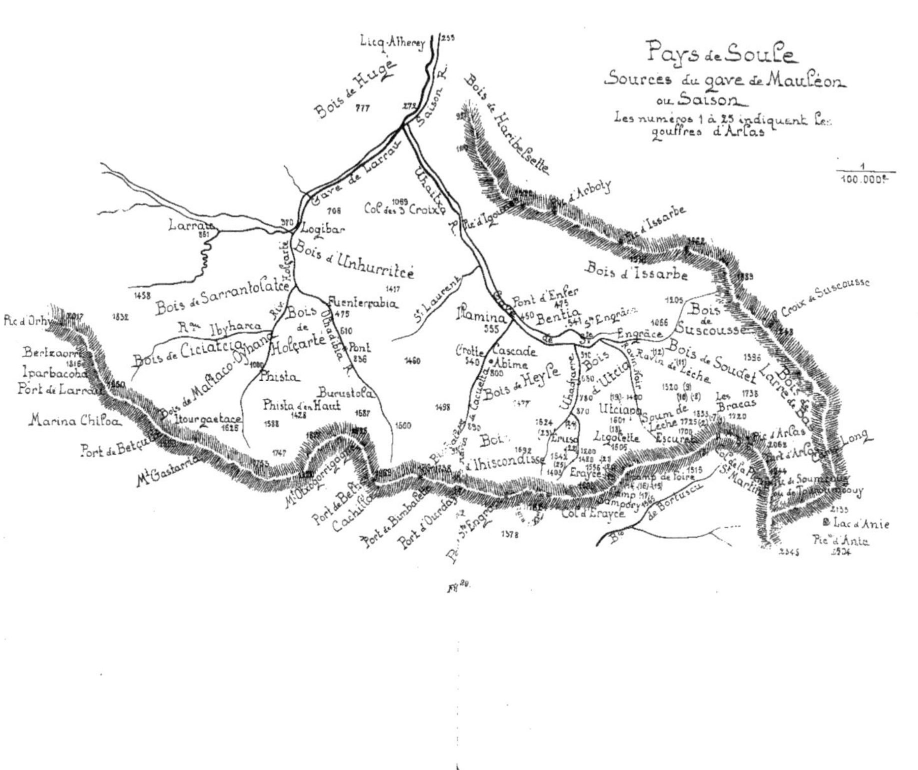
Pays de Soule
Sources du gave de Mauléon
ou Saison
Les numéros 1 à 25 indiquent les
gouffres d'Arlas
1 / 100.000e
Licq-Atherey
1255
Bois de Huge
777
273
Saison R.
Bois de Haribelhelle
Gave de Larrau
Uhaitza
Pic d'Arboty
Pic d'Issarbe
Larrau
851
370
Logibar
708
Col des 3 Croix
1069
Pic d'Igou
1458
Bois d'Unhurritce
Bois de Sarrantolatce
1417
St Laurent
Bois d'Issarbe
1385
Croix de Suscousse
Pic d'Orhy
2017
1832
Bois
475
Fuenterrabia
Ramina
555
Pont d'Enfer
475
450
Bentia
St Engrace
541
1205
Bois de Suscousse
Bertzaorri
1816
R. Ibyharca
de
Uhaitza R.
610
Grotte Cascade
540
Abime
800
St Engrace
1066
Engrace
1596
Iparbacoha
Bois de Ciciatcia
Ophans
Holçarte
Pont
836
Bois de Soudet
Larra de Ba
Port de Larrau
1450
Bois de Maliaco
1000
Phista
Bois de Heyhe
Ravin de Leche
Bracas
1738
1520
Marina Chiloa
Itourgaetace
1628
Phista d'en Haut
1428
Burustola
1587
1477
Utciana
Spum de
Leche
1725
1355
1920
Port de Betçu
1588
1500
1498
Erusa
1601
Ligotette
1806
Escura
1700
Pic d'Arlas
2062
Ihiscondisse
1692
1824
Long
Mt Gastarria
Mt Otcogorrigoa
1747
Port de Bet
Cachilla
Port de Bimbaleta
Port d'Ourdaja
St Engrac
1578
Col d'Erayce
Camp de foire
Erayce
1515
St Martin
1244
2133
Lac d'Anie
2345
Pic d'Anie
1924

cañons calcaires de *Cacouette*, *Holçarte* et *Olhadibia*, admirables cluses ou klamme profondes de 300 mètres en moyenne, étroites par places de 3 mètres, plus belles peut-être (plus curieuses en tout cas par leurs détails) que celles du Fier, de la Diosaz, du Trient, etc. Du 20 au 24 juillet 1907, j'avais pu y faire avec eux et avec M. L. Rudaux de nouvelles observations que je rappellerai en rapportant celles de 1908.

Vers la frontière espagnole, entre les ports d'Arlas et de Saint-Engrâce, MM. Bourgeade et Veïsse avaient rencontré plusieurs vastes gouffres à la Pierre-Saint-Martin, Eraycé, Utciapa, etc. C'est par eux que nous avons commencé.

Toutes les données géologiques énoncées ici sont dues à notre excellent collaborateur E. Fournier qui, depuis plusieurs années, parcourt en détail toute cette région pour l'élaboration de la carte géologique au 1/80000 [1]. J'ai vivement regretté qu'une indisposition du dernier moment nous ait privé du concours de M. A. Bresson, non moins distingué géologue.

«Les cañons du pays basque, dit M. Fournier [2], entre Saint-Engrâce et Larrau, sont des vallées étroites, coupées à pic de 300 à 400 et même 500 mètres dans une masse compacte de calcaires crétacés.

« Ces calcaires jouent un rôle important dans la structure de la chaîne des Pyrénées. Depuis la vallée des Eaux-Chaudes jusqu'aux environs de Larrau, ils forment le substratum du Flysch crétacé, qui est lui-même surmonté dans toute cette région par des terrains plus anciens, venant du nord, *plissés* et *renversés* vers l'Espagne.

« Ces calcaires appartiennent au turonien et au sénonien : je leur ai donné le nom de *calcaires des cañons*, parce que c'est dans leur masse que sont précisément entaillés tous les cañons de cette partie du pays basque. Ils reposent, dans le substratum, en discordance sur des terrains beaucoup plus anciens qu'eux : près des Eaux-Chaudes, ils sont posés sur le granite et renferment à leur base des galets roulés de cette roche, à la surface desquelles sont fixées des huîtres crétacées contemporaines des calcaires. Au fond de certains cañons ils s'appuient presque horizontalement sur les couches du carbonifère, relevées au voisinage de la verticale et renferment aussi à leur base des galets arrachés à cette formation. Au triple point de vue stratigraphique, tectonique et topographique ces calcaires constituent donc une unité de première importance.

«Les principaux cañons de cette région sont, en allant de l'Est à l'Ouest, ceux d'Uhaix-Charré ou Uhadjarré, de Cacouette, de Saint-Laurent et d'Holçarté-Olhadibia.»

Les torrents qui les parcourent descendent de la crête franco-espagnole, où nous avons exploré ou reconnu les abîmes suivants (voir la carte, coupes et plans) :

1. A 100 mètres nord-est de la Pierre-Saint-Martin, au pied du pic d'Arlas (2,062 mètres), [campement de quatre jours, du 1er au 4 août], vers 1,720 mètres d'altitude, un puits * [3] à neige a 25 mètres de profondeur totale, dont 18 à pic. Des

---

[1] Voir E. Fournier, *Bull. de la Soc. géolog. de France*, 1904, p. 932; 1905, p. 699-723; 1907, p. 138-157. — *Comptes rendus des collaborateurs de la carte géologique.* Feuille de Mauléon, bulletins n°s 105, 115, etc. — *Études sur les Pyrénées basques.* Feuille de Mauléon, bulletin n° 121, nov. 1908.

[2] *La Nature*, n° 1792, 28 septembre 1907.

[3] Le signe * indique les gouffres où nous sommes descendus. Les autres ont été sondés seulement.

pierres d'éboulis contribuent à l'obstruer. La coupe montre qu'une autre rigole d'absorption d'eaux passait à l'intérieur. (Fig. 31.)

2. A 50 mètres ouest du col, le *gouffre du Col-de-la-Pierre**, vers 1,725 mètres, est un des deux plus grands que l'on nous avait signalés. Dangereux par ses chutes de pierres, nous n'y pouvons descendre qu'à 60 mètres; il a au moins 20 mètres de plus et doit être bouché par de la neige. La coupe et la section horizontale du sommet du dernier puits indiquent nettement qu'il fut formé par l'érosion d'eaux engouffrées. (Fig. 32 et 42, Pl. XII.)

3. A 350 mètres sud-ouest du col le *gouffre d'Escuret**, vers 1,700 mètres, le second signalé, est le plus beau de toute la région; ouverture magnifique de 50 mètres environ de diamètre. A 60 mètres de profondeur, il se rétrécit et l'ouverture du second puits forme un grandiose linteau. A 72 mètres, on met le pied sur un cône de neige qui n'adhère pas tout à fait aux parois. Dans l'interstice, on descend encore de 19 mètres; mais, à 91 mètres de profondeur, l'obstruction de neige est complète. Les pâtres voisins affirment qu'au printemps cette neige remplit l'abîme jusqu'au bord. Ceux du Dévoluy disent la même chose des Chouruns de leurs hauts plateaux, d'altitude semblable! (Fig. 33 et 30, Pl. X.)

Observations identiques au pied de l'Arabika (Caucase occidental, vers 2,200 mètres) [1].

4, 5, 6. Au flanc sud-ouest du pic d'Arlas, entre 1,700 et 1,750 mètres d'altitude; sondés seulement parce qu'ils sont en territoire espagnol et que le plomb de sonde en remonte de la neige :

4. *Piet*, 55 m. 50.

5. *Minvielle*, 46 m. 50, l'ouverture est une diaclase de 15 mètres de long sur 2 m. 50 de largeur.

6. *Begourria*, 101 m. 80, présente un dispositif remarquable. Un ravinement extérieur arrive dans le côté est d'une dépression creuse de quelques mètres et d'environ 40 mètres de long sur 25 de largeur. Un thalweg s'en échappe par l'angle nord-ouest. Au milieu de la dépression est un roc saillant entouré de six entonnoirs d'absorption : quatre sont obstrués et secs; un cinquième absorbe un petit ruisselet né dans la dépression même; le dernier, contre la paroi nord, est un abîme de 101 m. 80 avec de la neige au fond; toute la dépression est remplie d'argile de décalcification; elle rappelle certaines *dolines* du Karst, les petits cloups du Quercy, la cuvette de la *Nouguière* au Plan-de-Carguiers (Var) [2] : cela représente soit le reste d'une caverne effondrée et obstruée (comme le Pount-d'Ech-Erbaou, voir p. 4), soit un ensemble d'orifices complémentaires du gouffre principal, soit plus probablement une vasque d'érosion et de corrosion ayant précédé le gouffre et en partie colmatée. (Fig. 34.)

[1] Voir ma *Côte d'azur russe*, 1909, p. 183.
[2] Voir *Annales de l'Hydraulique agricole*, fascicule 33.

Fig. 30. — Gouffre de l'Escurette.
(Dessin de L. Rudaux, d'après nature).

H. Demoulin Sc.

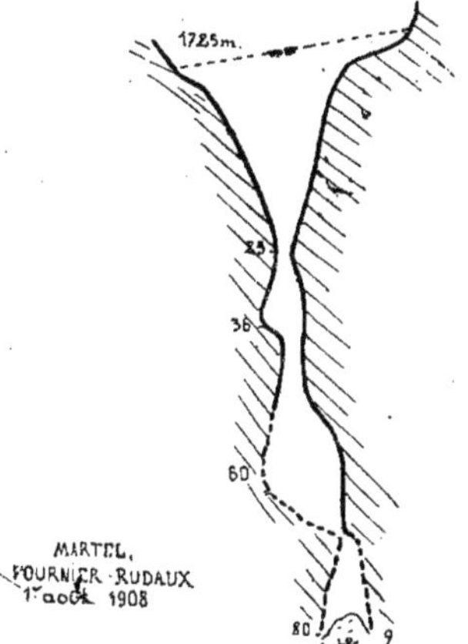

Fig. 31.

Fig. 32.

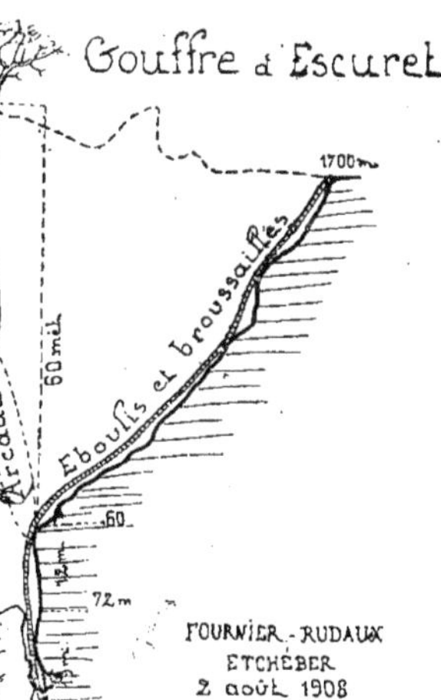

Fig. 33.

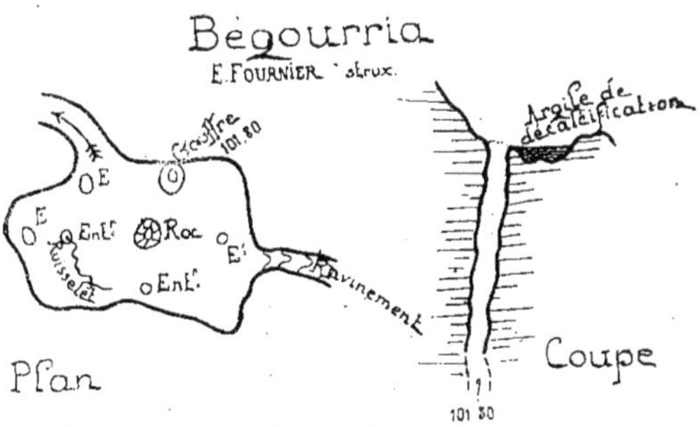

Fig. 34.

M. Martel.

4

7. On ne paraît pas avoir signalé encore, et le dessin de la carte ne figure point, la nature accidentée du flanc nord-ouest du pic d'Arlas. C'est un véritable *lapiaz* (que les pâtres nomment *les Bracas*), tout pareil à ceux du Parmelan, du Platé (Haute-Savoie), de l'Oucane-de-Chabrières (Hautes-Alpes), etc. Il couvre une vaste étendue (à peu près coupée en deux par les mots *Cabane-de-Miramon*, du 1/80000), fortement inclinée vers le nord-ouest, de 1,800 à 1,500 mètres d'altitude environ. Dans le calcaire à silex du crétacé supérieur, ce lapiaz est admirablement pittoresque et crevassé, certainement un des meilleurs types de ce genre de phénomènes morphologiques. Il est haché de crevasses longues et profondes, généralement parallèles entre elles et se recoupant selon deux plans différents; beaucoup gardent encore de la neige au fond; plusieurs ont été arrondies en gouffres absolument cylindriques.

Le plus profond (*trou du Lander* ou de *Lourdes?*) est bouché par la neige à 57 m. 80.

L'ensemble a été et reste encore, comme tous les lapiaz, une surface caractéristique d'absorption des eaux; graduellement il se rétrécit en thalweg, d'abord ample, puis étroit, quand il aboutit à la tête du ravin, *aujourd'hui desséché*, de Lèche; le haut cirque du lapiaz fut jadis le bassin de réception principal de l'ancien torrent.

La genèse est très simple à établir et, sur le terrain, saute aux yeux par similitude avec tous les autres lapiaz connus. (Pl. XI, fig. 35, 36, 37.)

A l'origine, de puissants courants d'eaux torrentielles s'écoulèrent sur ces calcaires, agrandissant leurs fissures naturelles par érosion et corrosion; certaines diaclases devinrent des abîmes qui engloutirent les eaux; des effondrements partiels produisirent sans doute diverses grandes dépressions qui accidentent le lapiaz; puis les glaciers (peut-être avec plusieurs récurrences) provoquèrent un moutonnement général parfaitement visible [1]; actuellement, les pluies, considérablement réduites, et la végétation continuent, par corrosion chimique, la ciselure de détail; tout ruissellement est arrêté, le lapiaz est un crible qui ne retient plus une goutte d'eau. L'évolution desséchante nous montre là un de ses plus probants exemples [2].

Même une petite fontaine jaillissait encore il y a quelques années, paraît-il, un peu en dessous du sommet de Lèche (1,833 mètres), au contact des marnes grises qui forment la base des schistes et grès à fucoïdes de ce sommet : nous avons vu son émergence absolument tarie.

Nos photographies exposent, éloquemment, comment le déboisement a accompli ici son œuvre dessiccante, fort au-dessous de la limite naturelle de la végétation !

Dans les mêmes parages, nous avons encore rencontré les gouffres suivants :

8. *Féas*, vers 1,500 mètres d'altitude, dans un grand entonnoir. La sonde touche à 34 mètres la neige que l'on voit d'en haut; puis on réussit à l'engager dans un trou large par où elle file plus bas et pendant 66 mètres sur la déclivité de cette neige qui doit avoir au moins 41 mètres d'épaisseur; profondeur totale, 75 mètres au minimum.

[1] Et tout pareils à ceux des lapiaz alpestres : Oucane de Chabrières (Hautes-Alpes); Parmelan et Désert-de-Platé (Haute-Savoie); Silbern (Suisse); Gottesacker et Zugspitze (Bavière); Steinernes Meer, Tannen-Gebirge, Dachstein, etc. (Autriche). — Voir mes notes sur ce sujet dans *C. R. Ac. Sc.*, 15 déc. 1902; *La Montagne*, 20 déc. 1906; *Spéléologie au xxᵉ siècle*, p. 546, etc. — Voir aussi FRECH, *Annuaire du Club alpin autrichien-allemand pour 1908*, p. 55.

[2] Il doit y avoir d'autres lapiaz à l'est du pic d'Arlas, entre ce sommet et le pic d'Anie. Le temps nous a fait défaut pour les rechercher.

Fig. 37. — LES BRACAS, UN GOUFFRE.

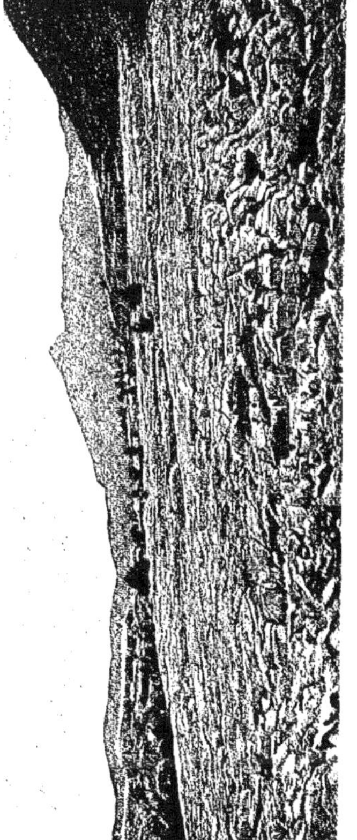

Fig. 35. — LAPIAZ DES BRACAS.

Fig. 36. — LES BRACAS.

Au-dessus de l'orifice, deux petits entonnoirs obstrués communiquaient sans doute avec des cheminées internes.

9. *Gouffre-grotte de Féas**, 25 mètres de profondeur totale, dont 5 pour l'épaisseur du bouchon de neige. Offre aussi la plus grande similitude avec les Chouruns à neige du Dévoluy et les puits à neige de l'Arabika (Caucase occidental), etc.

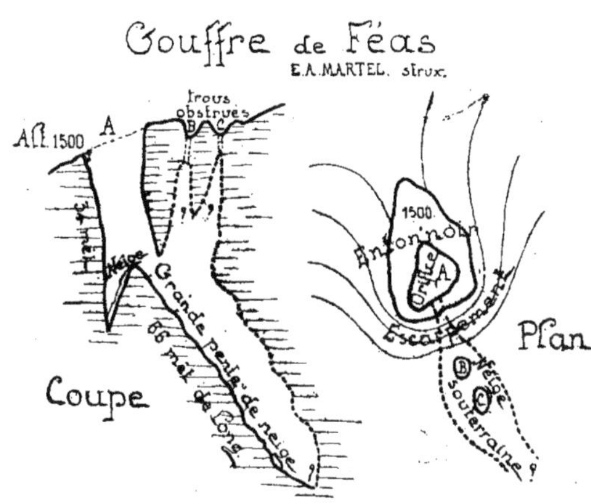

Fig. 38

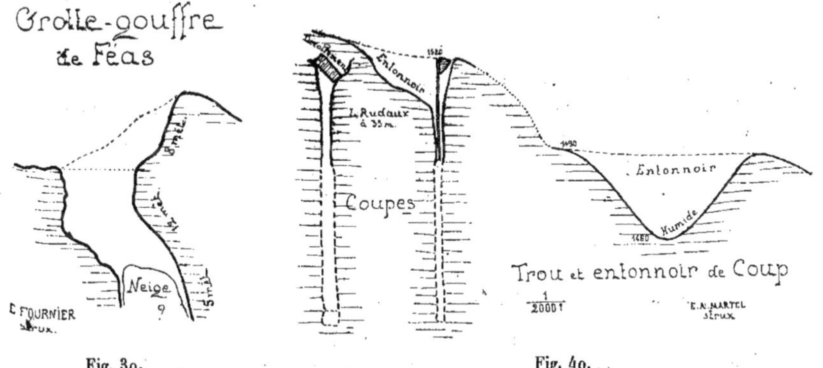

Fig. 39.   Fig. 40.

A côté, un grand entonnoir, limité d'un côté par une falaise rocheuse toute fendue de grandes diaclases, qui devaient être très absorbantes, et où nous n'avons pas eu le temps de pénétrer.

10. *Trou-de-Coup*, altitude 1,520 mètres, largement ouvert en entonnoir; le fond a 85 mètres, paraît bouché par de l'argile. Un bloc décollé d'une des parois, basculé

4.

sur l'autre bord, indique nettement le procédé *mécanique* d'agrandissement de ces orifices aux dépens des fissures.

A l'aval, un autre entonnoir, beaucoup plus large, véritable petit cirque, s'ouvre à 1,490 mètres; il a 30 mètres de creux et le fond (1,460 mètres) retient encore un peu d'eau (de l'humidité plutôt) sur quelque horizon marneux qui a dû arrêter le creusement des gouffres.

Le parcours du port d'Arlas au col d'Érayce s'effectue par un chemin neutre, à cheval sur la frontière, mais plutôt en territoire espagnol, sur le versant du Rio Berluscu. Rien de plus tourmenté que ce revers méridional de la crête pyrénéenne, région d'entonnoirs successifs, parfois emboîtés, de toutes tailles et de toutes formes; du col de la Pierre-Saint-Martin (port d'Arlas), nous en avons traversé tout un chapelet, en descendant jusqu'à 1,515 mètres. Tous sont obstrués par des éboulis de pierres ou de la neige; çà et là une crevasse laisse entendre les cailloux rouler pendant quelques mètres; mais aucune n'est propice à une descente ni même à un sondage profond. C'est encore une zone de lapiaz absorbants, plus tourmentés, moins nivelés par les glaces anciennes que celui de Bracas. Cependant, les parois d'un grand cirque offrent un *polissage* rarement conservé sur le calcaire. Aucun de mes aides locaux ne connaît de sources (résurgences) rendant sur le versant français toutes les pluies qu'ils engloutissent. En Espagne, c'est le haut de la vallée de Roncal qu'il faudrait interroger sous ce rapport; mais notre enquête ne saurait s'y étendre. (Fig. 42, Pl. XII.)

Au sud du champ de foire franco-espagnol de *Sampory* (campement de quatre jours, du 5 au 8 août; altitude, 1.565 mètres) le moutonnement glaciaire est très net et le ravinement très compliqué. Le sol est littéralement défoncé par des multitudes de ravins secs et inachevés, entonnoirs et puits d'absorption. Les gouffres y abondent, dépassant souvent 100 mètres; pour la plupart bouchés par la neige et très probablement arrêtés à quelque niveau marneux.

Bien plus bas, dans le thalweg entièrement desséché de Lèche, deux autres gouffres ont été sondés par un de nos aides, Etchéber, garde forestier de la commune de Saint-Engrâce. Malheureusement ils n'ont été portés à notre connaissance que trop tard pour être explorés, et nous n'en savons ni l'altitude ni la place exactes.

Voici les renseignements fournis par Etchéber :

11. Trous d'Ahuntz-Deyguia, presque au milieu des bois de Lèche, terrain d'Aramitz, cinq trous contigus :

1ᵉʳ trou : profondeur, 15 mètres; ouverture ronde de 6 mètres de diamètre;

2ᵉ trou : à 5 mètres de distance vers l'Est: ouverture, de l'Ouest à l'Est, 6 mètres, du Nord au Sud, 4 mètres; il va rejoindre le premier à 10 mètres de profondeur;

3ᵉ trou : à 8 mètres de distance du deuxième vers l'Est; ouverture, du Nord au Sud, 5 mètres, de l'Ouest à l'Est, 3 mètres; profondeur, 14 mètres;

4ᵉ trou : à 10 mètres de distance du troisième et vers le Sud; ouverture, du Nord au Sud, 7 mètres, de l'Est à l'Ouest, 5 mètres; profondeur, 15 mètres;

5ᵉ trou : à 15 mètres de distance du quatrième et vers l'Ouest; ouverture, de l'Est à l'Ouest, 6 mètres, du Nord au Sud, 4 mètres; profondeur, 12 mètres.

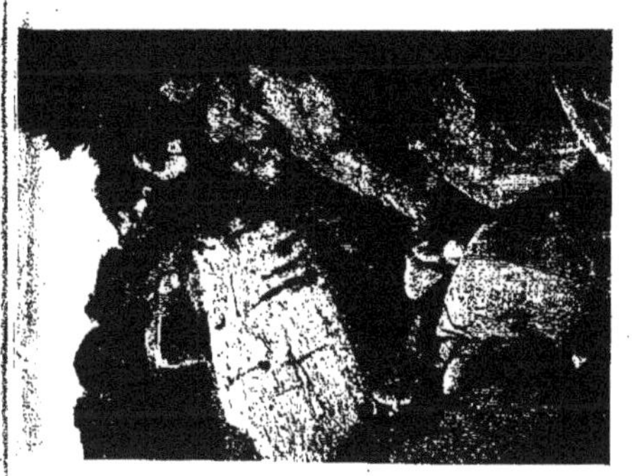

Fig. 43. — Abîme de Lcher Bacotchia (p. 357).

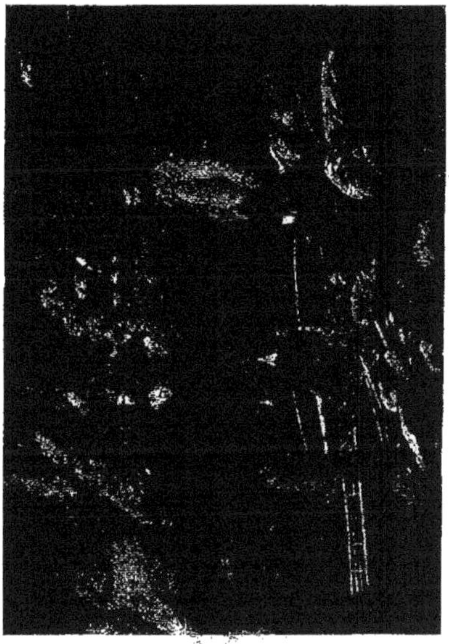

Fig. 44. — Bidouze (p. 394).

Fig. 41 — Gouffre de la pierre Saint-Martin (p. 352).

Fig. 42. — Entonnoir a Sampory (p. 356).

H. Demoulin Sc.

12. Presque au bas du bois de Lèche, terrain de Laime, trou de *Singla-Phunta* : profondeur, 46 mètres pour la sonde; doit avoir plus suivant le bruit de la pierre; ouverture, de l'Est à l'Ouest, 7 mètres, du Nord au Sud, 4 m. 5o. Il faudrait des mois pour pénétrer dans le détail!

Tout en cherchant à faire une étude aussi complète que possible de ce recoin écarté, et d'accès très compliqué par le mauvais état des sentiers, nous avons dû, par économie de temps et d'argent, nous limiter aux constatations suivantes :

13. *Iroulescia* au nord du champ de foire (les Trois-Trous), toujours dans les calcaires à silex, vers 1,6oo mètres d'altitude.

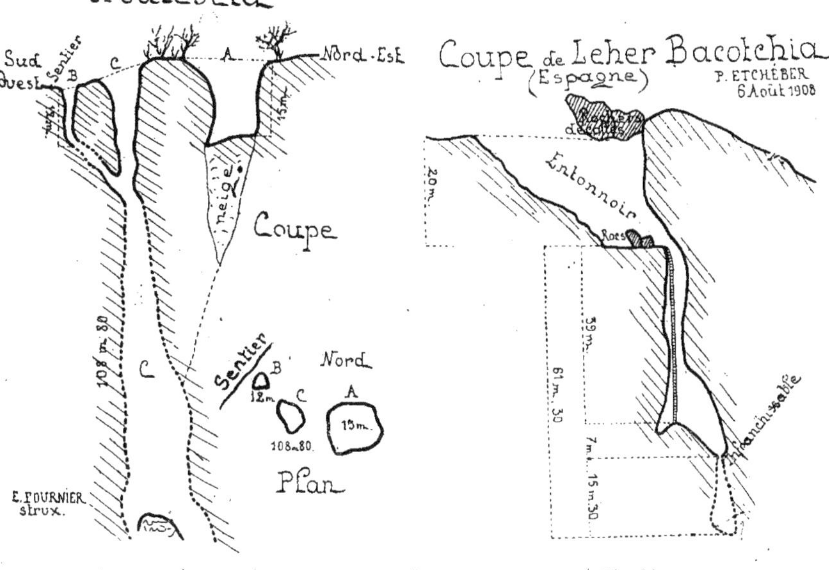

Fig. 45.Fig. 46.

A. Profondeur 15 mètres, entièrement bouché par la neige;

B. Profondeur 12 mètres, communiquant avec

C. Profondeur 108 m. 5o. La sonde ramenant de la neige, la descente a été jugée inutile.

A côté un autre puits avec neige presque à fleur de sol.

Les quatre suivants sont en Espagne au sud-est :

14. *Leher Bacotchia* * (sapin isolé).

L'orifice est un entonnoir très bouleversé par les décollements; la descente mène, à 46 mètres, jusqu'à une fissure trop étroite pour le passage de l'homme et où la sonde tombe de 15 m. 3o (en tout 61 m. 3o) plus 15 à 2o pour l'entonnoir.

15. *Iseyolha*, à 160 mètres (1,725 mètres) au-dessus du camp et à 2 kilomètres de distance. La sonde descend tout droit à 115 mètres et ne révèle point de neige. L'orifice a 2 m. 25 sur 1 mètre. Mais le gouffre est en Espagne; il faudrait y transpor-

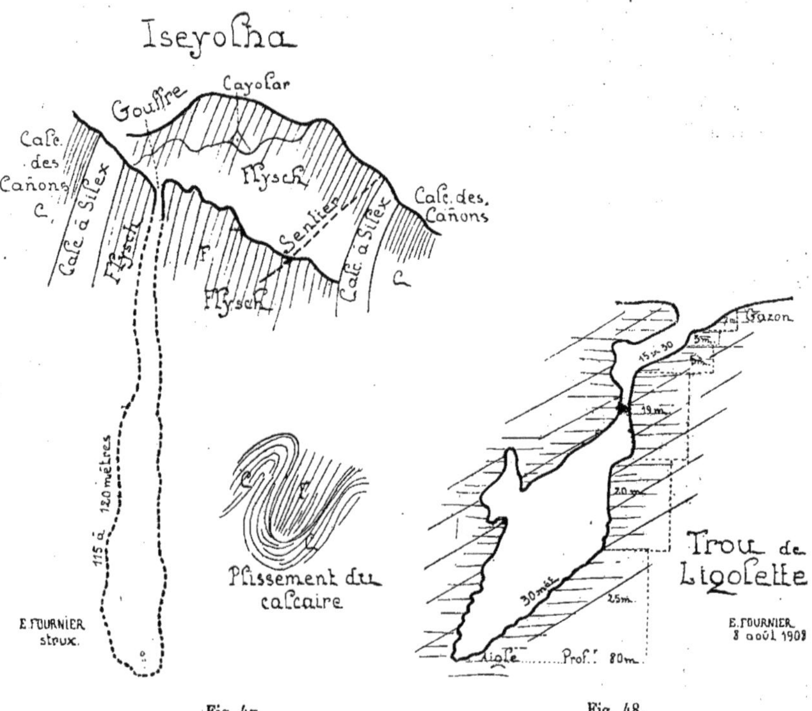

Fig. 47.

Fig. 48.

ter le matériel à dos d'homme, faute de chemin muletier et la situation dans le flysch verticalement redressé et très effrité rendrait la descente dangereuse! Nous devons y renoncer.

16 et 17. *Arabestera*. Deux trous de 15 à 20 mètres bouchés par la neige.

18. *Trou de Ligolette* * (altitude 1,575 mètres); dans le flysch. Pas de neige. Fournier y descend donc, mais pour le trouver bouché par l'argile à 80 mètres de profondeur.

19. *Utciapa*, plus bas (vers 1,400 mètres) non loin du *ravin noir* (desséché); formidable d'aspect et le plus profond de tous, 134 mètres, dans le calcaire à silex. Les chutes énormes des blocs de pierre, l'inconsistance des parois, interdisent la descente

au delà de 4o mètres (3o d'échelles). Ce serait pour nous une *tuerie* sous les avalanches de cailloux. L'intérieur est de proportions colossales.

D'un autre campement (8-1o mètres) au Bas-Cayolar d'*Eraycé* (1,42o mètres) voici nos opérations :

20. *Petit gouffre d'Eraycé*, profondeur 54 m. 4o. Neige.

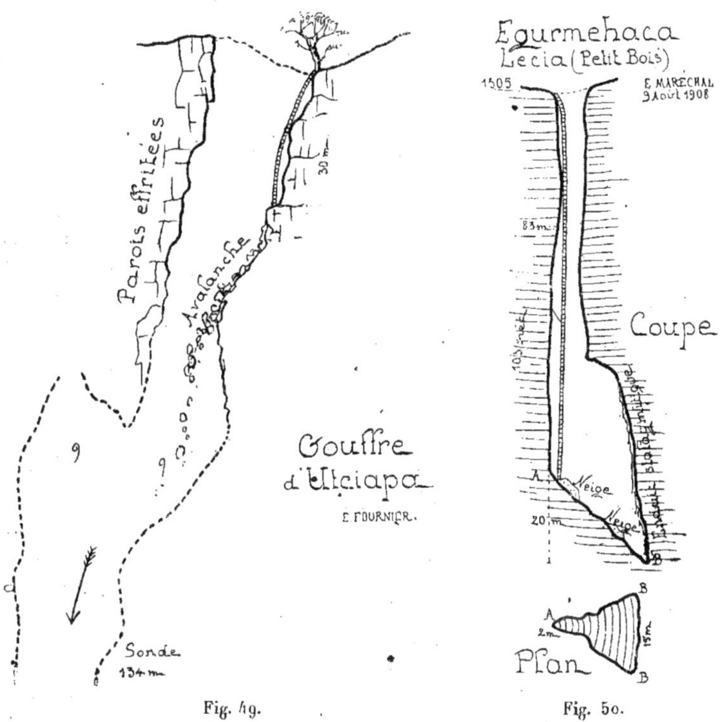

Fig. 49.Fig. 5o.

21. *Grand gouffre d'Erayce**, appelé *Egurmehaca-Lescia* (trou du Petit-Bois); la sonde donne 1o3 mètres de profondeur. Et la descente par Maréchal fournit en effet 83 mètres à pic, plus 2o mètres de talus très raide, formant bouchon complet, quoiqu'il n'y ait plus que deux petits placages de neige sur la pente (voir la figure) avec du guano des corneilles, qui nichent dans les anfractuosités supérieures du gouffre. L'altitude de l'orifice est de 1,5o5 mètres.

Devant ce septième résultat négatif, nous ne faisons que sonder, plus loin au nord-ouest vers les falaises du ravin d'Éruso :

22. *Hargastela* (trou du château de la Roche), altitude 1,4o6 mètres; profondeur 22 mètres; dans le calcaire à silex et sans neige;

23. *Hargoria* (Pierre rouge) altitude 1,300 mètres, sans neige !

Dans les mêmes parages deux pertes d'eaux existent encore, attestant la réalité du processus ancien d'absorption, maintenant bien déchu.

24. L'une, non loin d'*Hargoria* engloutit tout le ruisseau d'Eruso qui devrait être un affluent de *Uhadjarré*.

25. L'autre au plateau même d'*Eraycé*, par 1,403 mètres d'altitude, enterre une partie des eaux du hant cirque d'Eraycé ; celui-ci est un amphithéâtre (1744, 1508, 1824 mètres) au sous-sol schisteux, marneux, gréseux, imperméable par conséquent ; le ruissellement y est intense et le sol, en partie tourbeux, tout imprégné d'eau. La petite source où nous alimentons notre camp marque 6° C. L'eau du ruisseau principal, courant depuis longtemps et formant même une cascade, indique 11° 5. *Tout le cirque, livré à la pâture des moutons qui, sous nos yeux, en arrachent l'herbe, ne possède ni un arbre ni un buisson.* A l'instar du troupeau, nous délogeons les mottes de terre qui engorgent la perte du ruisseau ; des pierres viennent avec, de plus en plus grosses, et, en une demi-heure, nous agrandissons le trou, au bas duquel l'eau tombe avec bruit ; c'est assurément un abîme en formation, administrant la preuve formelle de nos idées sur ce sujet. Prouvant aussi combien la *tonte* du sol par le mouton accélère l'enfouissement des eaux en montagne calcaire, car si nous n'avons pas élargi le trou suffisamment pour y descendre nous-même, *du moins sommes nous parvenus à y engloutir le ruisseau tout entier.*

Ainsi procède le troupeau.

Dans le désastreux desséchement du sol le rôle du berger est prépondérant.

Et la responsabilité de ceux qui continuent à lui abandonner nos hauts plateaux au lieu d'y reconstituer nos forêts est écrasante, devant l'avenir.

Une fois de plus, après tant d'autres, que l'on ne peut (ou qu'on ne veut) pas écouter, faute de crédits pour le reboisement, je répéterai ce que je n'ai pas craint de crier dans un grand journal quotidien, que la dessiccation future est la voie où notre terre se précipite vers un fatal et inévitable but final ; c'est sa réelle *course à la mort,* si les *pastoraux* et les *industriels* se refusent à comprendre enfin que l'*arbre,* le dieu Sylvain des anciens, est un vrai talisman de conservation vitale ; s'ils s'obstinent, dans les *régions de plateaux et de montagnes,* où perlent les sources, où naissent les rivières, où s'élabore l'eau (la sève terrestre), à incendier ou à raser les forêts, pour le rendement du troupeau ou le bénéfice de l'usine ; s'ils ne finissent pas par apprendre, dès l'école, comme le prescrit une récente et éclairée circulaire, que l'arbre et l'eau sont unis dans une solidarité telle que, sans l'arbre il n'y aurait point d'eau, point de vie végétale, animale ni humaine. L'insuffisance de crédits pour le rétablissement de l'*armature* forestière, — et l'inimitié des populations pastorales accélèrent, en France, cette échéance avec une rapidité croissante ! Car le progrès du mal persiste à y surpasser les effets des débiles correctifs qu'on y apporte !

C'est un fléau que n'ont pas prévu les législateurs français de la fin du XVIII° siècle, relativement à la protection des forêts. Après les commotions de 1789, les *biens nationaux* virent, dans la plupart de nos départements, tous leurs arbres coupés par des acquéreurs âpres à réaliser sans délai. Telle région des Cévennes, par exemple celle des Causses, est, depuis lors, devenue la terre de désolation où la suppression de l'arbre a entraîné celle de l'eau courante. Dans le Dévoluy du Dauphiné, dont toutes les pierres dénudées s'écroulent maintenant aux gouffres insondables, la calvitie du sol est accomplie! Partout en France, dans les régions craquelées du calcaire, les pluies passent comme à travers un crible et ne laissent que des déserts de pierre sur une grande partie du territoire. Et le mal s'aggrave d'année en année, puisque la *guerre au bois* est plus que jamais déchaînée parmi toutes les futaies, que ne sauvegarde point la trop restreinte surveillance domaniale de l'État. Des particuliers ont même vendu leurs forêts à l'étranger, qui obtient ainsi le double avantage d'épargner les siennes et de détruire les nôtres!

Bernard Palissy, cependant, avait déjà bien compris tout le respect qui est dû à l'arbre; à sa suite, il est devenu banal de préconiser la sauvegarde des forêts. Savants, économistes, hommes d'État, forestiers, administrations, congrès, associations diverses, même les littérateurs et les humbles touristes ont fini par apprécier et par proclamer toute l'horreur du déboisement; mais l'aveugle routine, la coupable indifférence ou la cupidité matérielle du plus grand nombre bafouent cyniquement leurs efforts impuissants, et cela au mépris de toutes les lois théoriques, dont l'application matérielle demeure universellement une chimère!

Le présent rapport (procès-verbal plutôt) confirme les faits que, depuis 20 ans, les explorations souterraines entreprises de tous côtés ont révélés; le péril de la déforestation est d'une imminence aussi absolue qu'insoupçonnée. Il est démontré, empiriquement, comment les sources, les puits, les cours d'eau tendent à s'enfoncer dans le sous-sol fissuré des régions calcaires qui occupent la majeure surface du globe! Peu à peu, la circulation souterraine de l'eau se substitue à la circulation superficielle. La fuite des eaux en profondeur compromet ainsi, pour l'avenir, l'alimentation, l'agriculture et l'industrie des contrées où elle sévit. Quand l'intérieur de la terre engloutira et retiendra dans ses cassures plus d'eau que n'en restitueront ses sources, le phénomène de la dessiccation s'accélérera effroyablement vers la généralisation des Saharas terrestres. Il est vrai que l'on discute sur la vitesse de cet enfouissement; tandis que, adoptant mon opinion, beaucoup de savants la croient très accentuée et parfaitement accessible à l'observation humaine, d'autres affirment que la lenteur du phénomène échappe à tout enregistrement matériel. Le fait acquis, c'est que, depuis le quart de siècle où ces faits ont attiré l'attention, on voit partout diminuer les sources, recreuser les puits et disparaître les rivières; il n'est plus permis de contester ce principe du desséchement conduisant à la disette d'eau.

Rapide ou lent, il faut l'enrayer, sous peine de condamner les générations futures aux horreurs de la *lutte contre la soif;* ne point prévoir et ne point retarder cette éventualité certaine, c'est charger les hommes d'aujourd'hui du plus odieux des forfaits, et le reboisement est précisément le plus efficace de ces moyens pour les calcaires. Or, dans les Pyrénées basques où nous avons opéré, la limite des arbres est exceptionnellement basse, à moins de 1,500 mètres au lieu de 1,800 qui devraient être la normale; c'est que les troupeaux y arrachent tout, les jeunes pousses, l'herbe et la terre végétale: le calcaire, engloutisseur d'eau, vient alors offrir aux pluies l'implacable écumoire de ses milliers de crevasses et abîmes. A Sampory j'ai vu une horde de 1,400 brebis passer devant nos tentes pour descendre pacager (lisez *saccager*) le bois voisin. Il paraît que c'étaient les troupeaux de la commune de Roncal; affamés en Espagne ils venaient tondre le sol français! L'autre semaine en Haute-Garonne c'était la hache des charbonniers qui transformait en clairière morte les hêtres et sapins séculaires des sommités de Pène-Blanque!

Pour tous ces gens, c'est «après eux la fin du monde». Or le souci de l'humanité future, de sa progression toujours perfectible, rend désormais criminel ce raisonnement à la Louis XV. Le temps est passé du particularisme égotiste qui menace, chacun le pense et nul n'ose le dire, de *tuer la France* si elle ne corrige point son national et terrible défaut, de toujours sacrifier l'intérêt public à l'intérêt privé. Il s'en est suivi que, pour le reboisement et le desséchement du sol, il faut dès maintenant des siècles d'efforts et de dépenses pour réparer quelques décades de folles déforestations.

Car l'*arbre et l'eau* c'est l'hygiène, la santé, l'agriculture, l'industrie, la richesse et la vie des nations, par le reboisement, par la préservation de l'eau, par l'arrêt formel du desséchement. La terre a soif et l'homme aussi; mais, dans le conflit, c'est l'homme qui doit triompher s'il veut assurer l'avenir et la progression de son espèce; la lutte est âpre et requiert la concentration de tous nos efforts.

La nature, toujours évoluante, nous force à la combattre pour la dompter; c'est le plus haut objectif et la plus noble tâche de la pensée et de l'énergie humaines. Or, parmi les batailles que nous offrent toutes les forces naturelles coalisées contre nous, il n'en est point de plus urgente et décisive à gagner que celle qui nous conservera la possession de l'eau, par la restauration de l'arbre.

Dans la perte d'Éraycé, nous jetons une forte dose de fluorescéine, comptant la retrouver demain à quelque résurgence du ravin d'Uhadjarré. Il n'en a rien été. Mais nous ne saurions cependant tirer aucune conclusion de cette négative expérience.

Puis, avec mélancolie, nous avons rebouché notre trou et rendu le ruisseau à son cours, en attendant que la brebis lui ménage d'autres fuites, que la complicité de la pesanteur et de la fissuration aura tôt fait d'aggraver!

Est-il possible de mieux confirmer ces sages paroles récentes de M. Ruau, ministre de l'Agriculture lui-même, devant le Parlement :

«La question de la conservation de nos richesses forestières est des plus graves; elle intéresse à la fois l'économie politique même de ce pays en même temps que la sécurité et la santé publiques.

«Nous sommes menacés aujourd'hui d'une déforestation des plus inquiétantes.

«Il est démontré que les inondations avec leurs terribles conséquences sont dues à des déboisements généralisés. D'autre part, le régime des sources et des cours d'eau est en relation directe avec l'état boisé, et l'on a pu constater que le débit de certains grands fleuves a singulièrement diminué depuis quelques années, depuis qu'on procède à une véritable déforestation dans les régions supérieures de leurs bassins.

«La suppression de l'état boisé rompt l'équilibre qu'il est utile d'assurer et de maintenir entre les cultures forestières et les cultures agricoles.

«En un mot les plus graves inconvénients résultent de la disparition du domaine forestier aussi bien de l'État que des particuliers.

«A l'heure actuelle, désarmé comme je le suis contre l'exploitation à outrance des forêts particulières, je n'ai pas les armes suffisantes pour défendre, non pas seulement le domaine forestier, mais encore le domaine agricole de ce pays contre tous les dangers qui les menacent. Il m'est même impossible de prendre actuellement des mesures utiles contre la raréfaction du bois d'œuvre qui se manifeste dans notre pays et je pense avec Michelet que, lorsque disparaîtra le dernier arbre, le dernier homme sera bien près de disparaître aussi. »

Or voici que, dans toute cette haute région d'Arlas-Erraycé, *où la carte ne marque rien de tout ce qui vient d'être énuméré*, nous constatons en dix jours, dans une étendue de 6 kilomètres sur 4 seulement, l'existence insoupçonnée de 23 gouffres, deux pertes actuelles, un grand lapiaz et une zone de plus de 20 kilomètres carrés où d'innombrables absorptions engloutissent à peu près toutes les précipitations atmosphériques ; la fissuration du sol, le déboisement et le pacage ont livré tout ce territoire (et ses environs bien au loin, en Espagne surtout) aux ravages de leur conjuration.

On ne sait même pas où reparaissent ces pluies perdues, ni la fonte lente de ces inutiles emmagasinements de neige empilés dans les gouttières engorgées des abîmes.

Entre les mailles du tamis de pierres, où s'évanouit sans retour tant de richesse hydrique latente, le mouton achève d'arracher le dernier brin d'herbe, le dernier terreau végétal, décoiffant toujours de nouvelles crevasses sur cette surface, grêlée de trous comme les cratères de la lune.

Et ce mouton n'est seulement pas français : il monte d'Espagne et déjà s'attaque aux derniers débris de nos bois basques.

Il paraît, en outre, qu'un ingénieur des ponts et chaussées en congé, M. Ader, vient d'acheter au Syndicat de Cize 250,000 mètres cubes de bois, à 1 franc le mètre, à prendre dans la forêt d'Iraty, demeurée jusqu'ici une nationale réserve.

Si l'on ne met un terme à ces pratiques, envers lesquelles les qualificatifs manquent à la fin ; si l'on enregistre avec indifférence la diminution de plus de moitié qui a frappé les forêts de France au début du XIXᵉ siècle ; si l'on se refuse à modifier l'article 220 du Code forestier ou tout au moins à l'appliquer efficacement et universellement ; si l'on ne se rend pas compte que les conséquences du déboisement se propagent en réelle progression géométrique ; si l'on n'admet pas qu'une réfection de 100,000 francs hier vaut 1,000,000 aujourd'hui et en coûtera 10 demain, il est assuré qu'il suffira d'un siècle encore pour que le bassin de la Garonne (comme la majeure partie de la France) n'ait plus ni forêts ni sources, ni terre végétale ni rivière navigable, ni culture dans ses champs taris, ni commerce dans ses ports ensablés !

« L'ordonnance d'août 1669 avait astreint au régime forestier, outre les bois royaux, beaucoup de bois privés, Turgot prépara un arrêt du Conseil obligeant les propriétaires à planter un vingtième de leurs biens... Mais la Révolution abaissa les barrières que l'autorité opposait à la destruction des forêts. La loi des 20 août et 27 septembre 1791 émancipa la propriété privée... Les villageois et surtout les montagnards se ruèrent sur les arbres... qui disparurent de tous côtés... Les Romains respectèrent les forêts de la Gaule que le moyen âge commença d'abattre : il en restait 30 millions d'hectares en 1498... En 1761, le marquis de Mirabeau (théorie de l'impôt) n'évalue plus qu'à 30 ou 34 millions d'arpents (17,340,000 ou 15,322,000 hectares) les forêts de France. En 1867, il n'y en avait plus que 8,900,000 hectares ! » (Alfred MAURY, *Les forêts de la Gaule et de l'ancienne France*, 1867, p. 468.) Le Code forestier du 21 mai-31 juillet 1827 et les lois du 28 juillet 1860 et du 4 avril 1882 ont relevé ce chiffre à un peu plus de 9,500,000 hectares, mais les deux tiers, soit plus de 6 millions, restent administrés par le caprice de leurs propriétaires !

L'Europe est couverte de forêts à concurrence de 29.5 p. 100 de sa superficie; la Russie en a 38 à 40 p. 100; l'Allemagne, 25 à 26.1 p. 100; la France, 17.3 à 18 p. 100; l'Angleterre, 3.9 à 4.1 p. 100 [1].

En 1876 et en 1892, la France possédait :

		1876.	1892.
		hectares.	hectares.
	de l'État..........................	967,120	998,854
Forêts	particulières	6,127,042	6,267,991
	des communes et établissements publics....	2,098,788	2,180,380 [2]

L'article 220 du Code forestier est ainsi conçu :

« L'opposition au défrichement ne peut être formée que pour les bois dont la conservation est reconnue nécessaire :

« 1° Au maintien des terres sur les montagnes ou sur les pentes;

« 2° A la défense du sol contre les érosions et les envahissements des fleuves, rivières ou torrents;

« 3° A l'existence des sources et cours d'eau;

« 4° A la protection des dunes et des côtes contre les érosions de la mer et l'envahissement des sables;

« 5° A la défense du territoire dans la partie de la zone frontière qui sera déterminée par un règlement d'administration publique;

« 6° A la salubrité publique. »

Quoique l'on puisse prétendre de contraire, il semble bien que l'on possède, avec cet article, des moyens de défense très suffisants contre les excès du défrichement : il est prouvé maintenant que les bois sont nécessaires dans tous les cas visés par cet article. Qu'on l'applique donc en recourant à la mesure d'opposition définie par l'article 219 et déjà même, sans loi nouvelle, bien des arbres peuvent être arrachés aux spéculateurs. En réglementant mieux et plus sévèrement les conditions d'exploitation et de pâture, en affectant de plus grands crédits aux reboisements domaniaux, on arriverait aisément, et en une fraction de siècle, à panser les plaies récentes de notre sol végétal.

Il faudrait aussi modifier l'article 224 du Code forestier ainsi conçu :

« Sont exceptés des dispositions de l'article 219 :

« 1° Les jeunes bois pendant les vingt premières années après leur semis ou plantation, sauf le cas prévu par l'article précédent;

« 2° Les parcs ou jardins clos ou attenant aux habitations;

« 3° Les bois non clos, d'une étendue au-dessous de 10 hectares, lorsqu'ils ne font pas partie d'un autre bois, qui compléterait une contenance de 10 hectares, ou qu'ils ne sont pas situés sur le sommet ou la pente d'une montagne. »

Sauf pour le 2°, dont le caractère par trop privé paraît vraiment difficile à outre-

[1] Selon des évaluations qui diffèrent, voir Ch. Duffaut, La Déforestation, péril mondial, *La Revue* du 15 novembre 1905.

[2] Voir *Journal officiel*, 1er août 1892, documents parlementaires, Chambre, p. 753; P. Descombes, L'aménagement des Pyrénées, *Revue philomathique de Bordeaux*; P. Buffault, *Le rôle des forêts*, in-12, Rodez 1906; L.-A. Fabre, 1er congrès du S.-O. navigable, juin 1902, p. 89 et 173; P. Descombes, La défense des montagnes, *in Revue des Deux-Mondes*, 15 juin 1907.

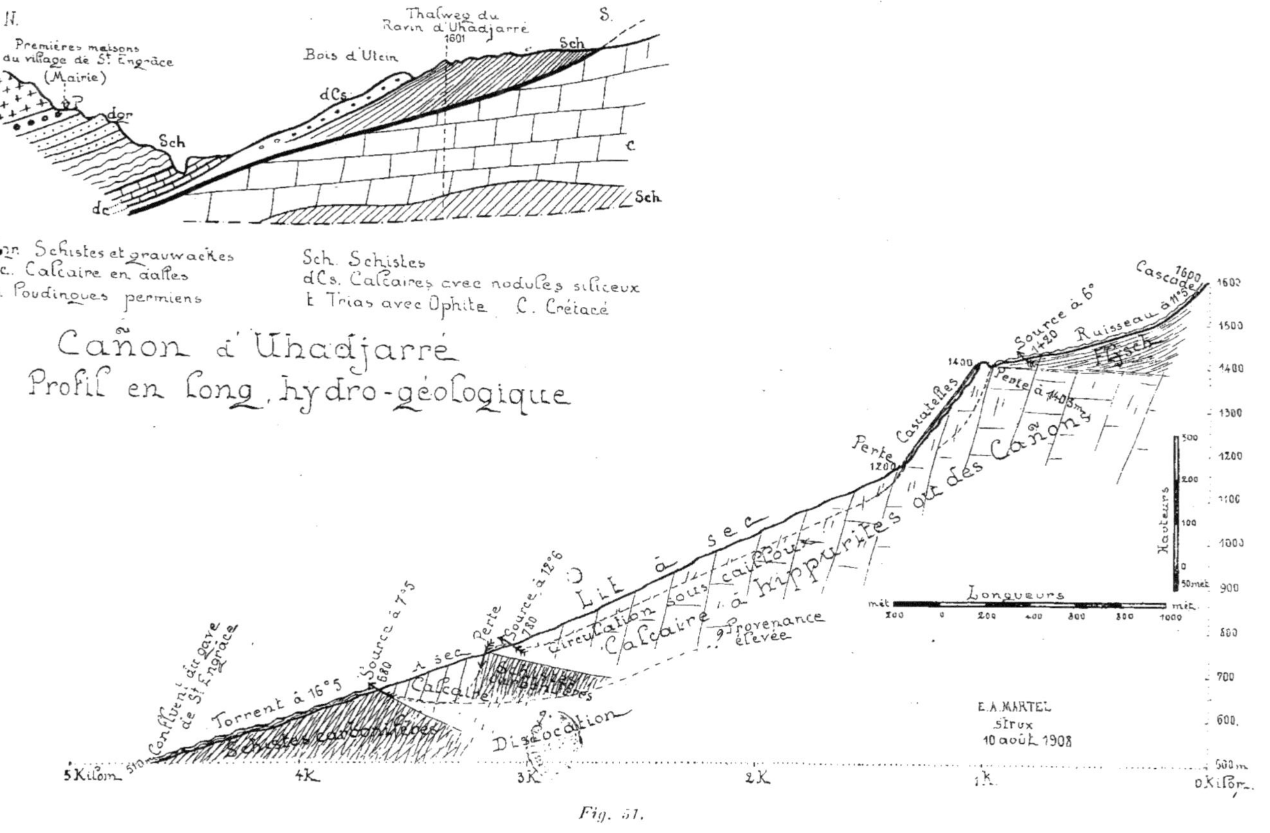

N.
Premières maisons
du village de St Engrâce
(Mairie)
Thalweg du
Ravin d'Uhadjarré
1601
Bois d'Utein
S.
Sch
dCs
Sch
c
dc
dor
Sch
dor. Schistes et grauwackes
dc. Calcaire en dalles
p. Poudingues permiens
Sch. Schistes
dCs. Calcaires avec nodules siliceux
t Trias avec Ophite
C. Crétacé
Cañon d'Uhadjarré
Profil en long, hydro-géologique
Cascade 1600
Source à 6°
1480
Ruisseau à 11°5
Flysch
Pente à 44.03 m
Cascatelles
Perte
1200
Lit à sec
Circulation sous cailloux
Calcaire à Hippurites ou des Cañon
Provenance élevée
Source à 12°6
À sec Perte
Source à 7°5
580
Calcaire
Torrent à 16°5
Confluent du gave
de St Engrâce
Sch. des carbonifères
Dislocation
5 Kilom. 510
4 K
3 K
2 K
1 K
0 Kilom.
Hauteurs
500
200
100
50 mèt
Longueurs
mèt
100   0   200   400   600   800   1000 mèt
1600
1500
1400
1300
1200
1100
1000
900
800
700
600
500 m
E. A. MARTEL
Sirux
10 août 1908
Fig. 51.

passer, les jeunes bois et les bois de moins de 10 hectares ne devraient pas être exceptés des articles 219 et 220.

Tout cela ne serait point réforme si draconnienne, surtout quand il s'agit absolument de la prospérité et même du salut de la France.

2. CAÑON D'UHADJARRÉ [1].

Après l'examen des désolations sur les hauteurs, passons à celui des thalwegs eux-
mêmes : nous avons à y rechercher les points où peuvent reparaître les pluies englouties là-haut en pure perte, et à y établir leurs *profils en long*, ce qui constitue, pour ces
sortes de thalwegs, une question toute neuve, rentrant dans les études prévues par
l'arrêté ministériel du 23 mars 1903 pour l'évaluation des forces hydrauliques en pays
de montagnes! Le premier de ces ravins est le cañon d'Uhadjarré du col d'Eraycé à
Sainte-Engrâce.

Nous l'avons descendu en entier (10 août) pour relever son profil en long et examiner son hydrologie. Moins sec que ses deux voisins de l'Est, le ravin Noir et Lèche (où
il n'y a plus une sourcette ni une goutte d'eau, sauf après les violents orages), il est
cependant en voie flagrante de desséchement. Voici ce que nous y avons vu :

Très peu à l'aval de la perte d'Eraycé, le cirque herbeux se casse brusquement dans
les escarpements ravinés du calcaire à hippurites. A la tête de la ravine (vers
1,400 mètres), la vue est magnifique et les photos n'en donnent qu'une faible idée.
(Pl. XX, fig. 71, p. 72.) On descend une petite gorge où s'écoule, en cascatelles, le
ruisseau auquel nous avons, la veille, rendu le jour; mais graduellement, il s'affaiblit et,
vers 1,200 mètres, il a de nouveau disparu; au confluent du ravin d'Eruso (vers 870 mètres) dominé par les plus grandioses roches pyramidales et des falaises de 300 à
600 mètres de hauteur, les deux thalwegs sont tout à sec. A 780 mètres, une petite
source double (au contact discordant du calcaire des cañons, crétacé, et du carbonifère
redressé sous-jacent) marque 12° 6, température assez élevée, suggérant l'idée que
l'écoulement peut se faire sous les blocs éboulés du lit et que l'enfouissement est très
superficiel. Presque aussitôt l'eau se perd de nouveau. Cent mètres plus bas (680 mètres) [2], nouveau jaillissement en plein lit avec la température de 7° 5; celle-ci vient
donc de haut et souterrainement, puisque à Eraycé l'eau de la source du camp marquait
6° à 1,420 mètres! Dès lors, le torrent est reformé et rapidement, au plein soleil,
s'élève à 16° 5. Par 510 mètres environ, il tombe au pied de Saint-Engrâce dans le
gave de ce nom (ou Uhaïtxa) qu'alimentent surtout les bois de Suscousse.

En amont, dans la vallée de Saint-Engrâce, nous n'avons point constaté de résurgence ramenant les eaux des gouffres d'Arlas et du Lapiaz des Bracas. Mais il pourrait
en exister, soit dans le lit du torrent, soit en des points qu'on n'a pas su nous indiquer.

[1] Prononciation locale; sans nom sur 1/80000; l'édition au 1/50000 écrit Irarchar (?) et la carte
au 1/100000 Uxaix-Charra; on nous l'a orthographié, dans le pays, Uhaix-Charré (?!).

[2] Une perturbation barométrique survenue au cours de la descente troubla les lectures de toute la
journée; les altitudes données ici sont donc de grossières moyennes, à 20 mètres près au moins!
D'autant plus que la cote de l'église de Saint-Engrâce (581) ne paraît pas très exacte, et qu'elle a été à
peu près notre seul repère pendant quinze journées à très fortes variations atmosphériques.

Le cañon d'Uhadjarré est une succession ininterrompue de magnifiques tableaux, variant à chaque pas.

Le sentier, quoique impraticable aux mulets, est assez bon pour les piétons.

Hydrologiquement, il est en plein stade de dessiccation progressive avec ses pertes et réapparitions successives, confirmant si bien nos vues sur l'enfouissement des eaux.

Quant aux travaux pratiques, on ne saurait rien y conseiller, si ce n'est le reboisement, absolument nécessaire, du cirque supérieur d'Eraycé; assurément, il ne serait pas impossible de créer dans ce cirque, par un barrage en amont de la perte, un lac artificiel ou réservoir d'une certaine étendue; mais cela ne paraît guère opportun; le bassin de réception atmosphérique a une surface trop petite pour alimenter un fort débit d'eau, et la distance de toute agglomération importante est trop grande. Il faut se borner à la reconstitution indispensable de son *armature forestière*, sinon, les pertes que nous avons reconnues s'agrandiront de plus en plus et consommeront l'enfouissement définitif du torrent, qui est déjà intégralement réalisé dans les deux ravins sis à l'Est.

3. CAÑON DE CACOUETTE.

Pour le gave même de Saint-Engrâce, le phénomène du dessèchement exerce aussi déjà ses redoutables effets. (Pl. XIV, fig. 53 et 54.)

A 2 kilomètres à l'aval du confluent d'Uhadjarré, le gave pénètre dans une belle et étroite cluse du calcaire, une vraie gorge du Fier, par une cascade; au pied de celle-ci, toute l'eau est absorbée en été par une crevasse (impénétrable) du lit, qui demeure à sec en aval sur environ 200 mètres jusqu'au confluent du ruisseau de Bentia (rive droite). Au débouché même de la cluse, il y a une seconde perte (entonnoir absorbant) que nous avons vue fonctionner en juillet 1907, la cluse étant alors remplie d'eau, parce que la première perte ne pouvait pas absorber tout le gave. En temps de sécheresse, ce trou est entièrement obstrué par du sable. Un élargissement forme cirque (altitude : 450 mètres) et précède un nouvel étroit ou défilé qu'on ne peut pas suivre à pied jusqu'au débouché du grand ravin de Cacouette (voir la carte). Dans ce deuxième défilé, tout à fait pareil au cañon de Baudinard sur le Verdon, le gave recouvre son importance par une résurgence à fleur d'eau sur sa rive droite. Elle est à 445 mètres d'altitude environ. Est-ce un point de réapparition des hautes absorptions d'Arlas à Eraycé, ou d'autres, inconnues sur les montagnes de la rive droite? On ne saurait le dire. La température de la résurgence à 9° 5 C., alors que le torrent avant sa perte est à 15° C., préjuge un mélange des eaux de cette perte avec des courants souterrains de provenance plus élevée, d'autant que la source donne visiblement beaucoup plus d'eau qu'il n'en tombe dans la première perte en seuil de la cascade. La relation d'un point à l'autre est d'ailleurs si évidente que nous avons jugé inutile de la confirmer à la fluorescéine.

Si cela ne devait pas coûter trop cher, il serait bon de canaliser ici la portion absorbante du thalweg, de la rendre étanche comme on l'a fait pour l'Iton dans l'Eure; autrement les canaux souterrains ne feront que s'agrandir et soutireront de plus en plus d'eau.

Quant au cañon de Cacouette, qui débouche tout près de là, le dictionnaire Joanne de la France le déclare « absolument impraticable.... Ses murailles sont absolument « verticales; sa profondeur n'a pas été mesurée » (t. II, p. 668, 1892). Voici ce qu'on savait.

Fig. 52. — Gouffre de Landanoby.
(Arbailles, p. 39).

Fig. 53. — Ravin de Sainte-Engrace
Perte du Torrent de Bentia.

Fig. 54. — Ravin de Sainte-Engrace.
Le Canon en avant du Camp. — Partie a sec
et Roches roulées.

H. Demoulin Sc.

La première description que j'en connaisse est une page sommaire des *Lectures du pays basque français*, par M. C.-R. Jouve [1], fort curieux petit livre, plein de détails intéressants sur l'Euskarie ou Eskual-Herria. Ensuite la relation de M. Dufau que va indiquer le résumé suivant de E. Fournier [2]. « Il fut découvert, il y a environ 25 ans, par des ingénieurs qui faisaient l'étude d'un projet de ligne transpyrénéenne et qui y établirent même un sentier rudimentaire et des passerelles; mais, au bout de quelque temps, les eaux du torrent arrachèrent les passerelles, le sentier s'éb014 en certains points; en d'autres, fut envahi par d'inextricables buis, et le ravin redevint inaccessible; seuls, les deux petits sentiers qui mènent au moulin, à l'entrée du cañon, continuèrent à être pratiqués; l'un remonte depuis le thalweg à sec du torrent de Saint-Engrâce, traverse le vaste éboulis qui masque l'entrée (ou ancienne sortie du cañon) et redescend près du moulin au bord du torrent; le second [3] descend en lacets au milieu des buis, dans les escarpements de la rive gauche et est, en certains endroits, un véritable casse-cou.

« Le 25 août 1903, MM. Veïsse, Bourgeade, Dufau, Larre et le Dr Casamayor [4] refirent l'exploration d'une partie du cañon à l'aide d'échelles volantes; il ne leur fallut pas moins de *6 heures* pour parcourir 1 kilomètre et demi. En août 1904, chargé des relevés géologiques de la feuille de Mauléon, j'ai suivi, à leur partie supérieure, les escarpements du calcaire crétacé jusqu'à la partie terminale du ravin (port d'Ourdayté); je suis aussi descendu dans le cañon près du moulin, mais les eaux étant trop fortes, il me fut impossible, à ce moment, d'effectuer l'exploration totale. Enfin, en 1906, grâce à l'intelligente initiative de M. Arnaud Bouchet, maire de Licq-Athérey, treize passerelles en bois ont été placées, et toute la partie la plus intéressante du cañon est ainsi devenue facilement accessible à tous. (Fig. 73, Pl. XX, p. 72.)

« L'ancienne entrée est masquée par un éboulis constitué par des fragments des couches, qui recouvraient la surface des calcaires avant le creusement du ravin. Or, comme nous l'avons déjà dit, ces couches appartiennent à des étages *plus anciens* que le Crétacé; ici, par exemple, c'est le Trias qui forme la majeure partie de l'éboulement, ainsi que le montre la coupe schématique ci-contre. C'est la preuve directe que l'on est bien en présence d'une voûte de galerie souterraine effondrée et que le cañon de Cacouette est un exemple très curieux de ces vallées des terrains calcaires, qui ont commencé à être creusées souterrainement. Le sentier monte au sommet de l'éboulis (cote 500) et redescend de l'autre côté dans le cañon, près du moulin (cote 450). En aval du moulin, l'eau du torrent s'engage dans un défilé dont les parois deviennent de plus en plus surplombantes et de plus en plus rapprochées et se perd dans une fissure peu pénétrable pour ressortir, une cinquantaine de mètres plus bas, dans le thalweg du gave de Saint-Engrâce (Uhaitxa). [V. Pl. XV.]

« En amont du moulin, on traverse un premier pont, puis on s'engage dans le cañon

[1] Paris, Paul Dupont, in-12, 123 pages, 1901. (*Bibliothèque de l'École moderne*) [communiqué par M. Bourgeade].

[2] *La Nature*, n° 1792, 28 septembre 1907.

[3] Voir E. Fournier, *Bull. soc. géolog. de France*, t. VII, p. 138, 4e s., t. V, 1905, p. 701, et *La Nature*, n° cité. M. Bouchet l'a amélioré en 1908; mais il est encore assez mauvais. De plus, il faut, de la rive droite du gave, descendre au Pont d'Enfer (475 mètres), remonter à 555 mètres au plateau de Berterreix, puis redescendre au moulin (450 mètres), ce qui est fort long. Tout l'accès de Cacouette devra être amélioré par un chemin muletier allant directement au Pont d'Enfer, puis par une passerelle pénétrant dans la sortie actuelle du torrent.

[4] Voir Camille Dufau, Grottes et abîmes du pays Basque, *Spelunca*, t. V, n° 37, p. 79 (juin 1904).

en suivant tantôt l'une, tantôt l'autre des rives; le cañon se rétrécit de plus en plus; *presque nulle part, il n'a plus de 10 mètres de large;* en moyenne, il en a 5 environ et parfois 3 seulement; la hauteur des parois verticales se maintient entre 60 et 100 mètres

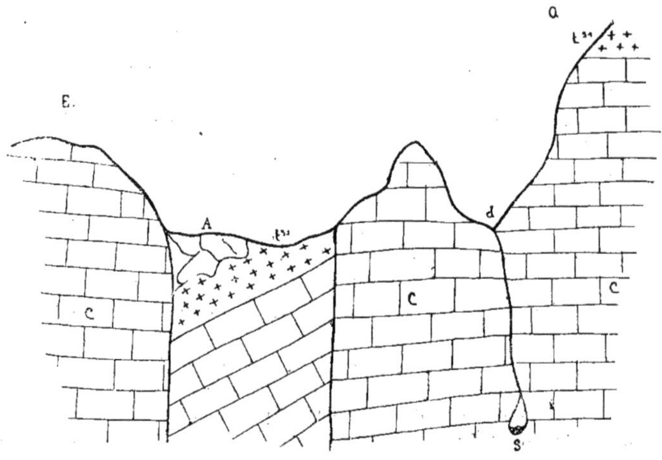

Éboulement à l'entrée de Cacouette
d Diaclase   S Resurgence
t^{as} Trias   C Calcaire crétacé

Fig. 55.

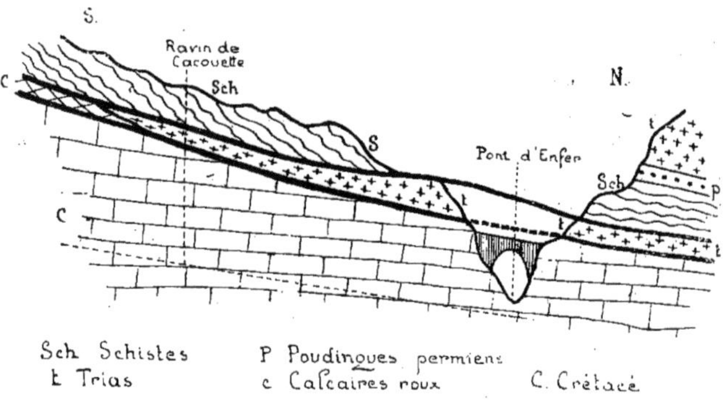

Sch Schistes   P Poudingues permiens
t Trias   c Calcaires roux   C. Crétacé

Fig. 56.

pour en atteindre, en certains points, près de 300. Sur une très grande partie du trajet, les parois *surplombent;* elles forment une voûte évidée et arrivent même à se toucher; partout les caractères d'une érosion souterraine sont de la dernière évidence.

«A 1,150 mètres en amont du moulin, sur la rive droite du torrent, une superbe

Plan du ravin
de Cacouette
Echelle
50 0 50 100 150 200 250 300 mèt.
Pont d'Enfer
475
Torrent
de St Engrâce
445
Source
Campement
Maison
Bentia
Uhaitza
450
Effondrement de terrain
entre deux failles
Cirque
Sentier
2e Perte
Uhaitza
Propriété
Bentia
500
Bertemeix
555
1re Perte
Cascade
Torrent
Uhaitza
Granges
Moulin
450
Gorge
Granges
Propriété
Barneix
Entrée
du Cañon
Granges
Cacouette
Nord
850
Ravin
Ourdantheguiette
555
Cascade
Grotte des stalactites décrées
Grotte de Cacouette
Trou du Mouton
540
535
600
Grotte sous
cascade
Trou d'Audiette
550
Abîme
600
Fissure

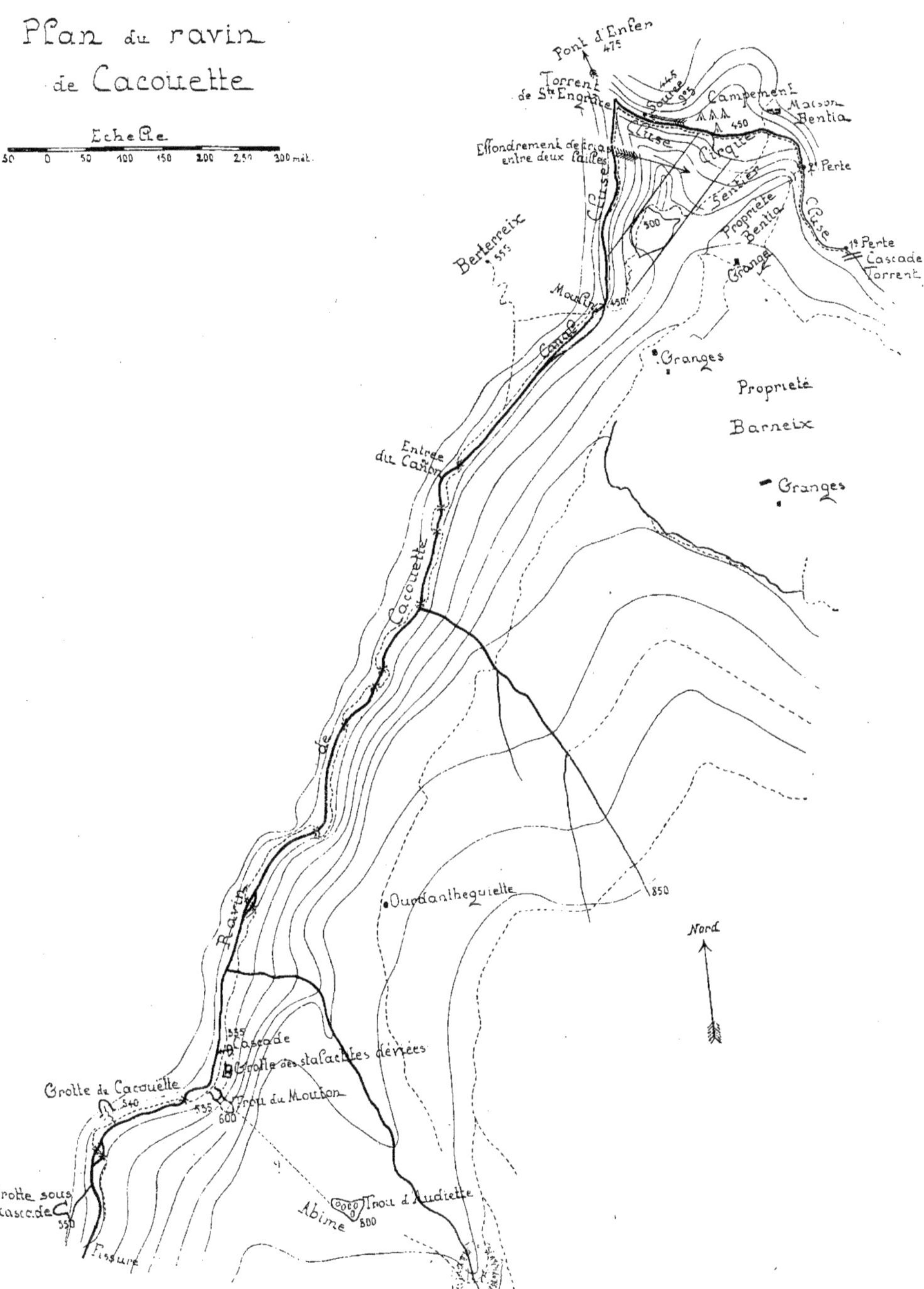

Fig. 57.

cascade sort d'un trou rond de 3 mètres de diamètre [1] et se précipite avec fracas dans le ravin d'une hauteur d'environ 20 mètres; cette cascade donne naissance, contre la paroi, à un dépôt de tuf, elle sort d'une galerie souterraine, qui paraît importante et qu'il serait peut-être possible d'atteindre par des ouvertures latérales qui sont à sec et qui doivent servir d'exutoire aux eaux en temps de crue. M. C. Dufau, en août 1903, a noté 10° 6 comme température de cette cascade. Le cañon devient de plus en plus étrange avec ses parois recouvertes de mousses et de fougères; enfin, à 1,350 mètres environ de l'entrée, on voit s'ouvrir dans la paroi de rive droite une grotte d'où s'écoule un torrent. L'entrée [2] mesure environ 8 mètres sur 40 de haut; 4 échelles, placées

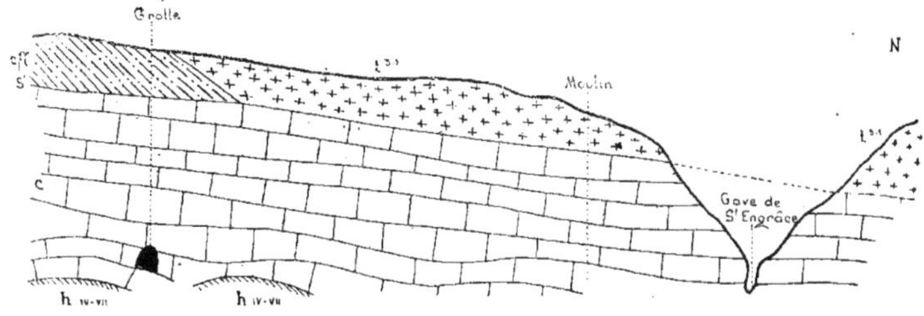

Coupe schématique sur la rive gauche du canon de Cacouette
h iv.vii. Carbonifère   c. Calcaire crétacé
t³·¹. Trias   cff. Flysch crétacé

Fig. 58.

par les soins de M. Bouchet, permettent d'atteindre facilement la galerie qui est obstruée, à peu de distance, par une eau profonde d'environ 5 mètres (le 7 septembre 1906). En août 1903, M. Dufau a trouvé cette eau à une température de 9° 8. »

A 50 mètres en amont de la grotte, se trouve le dernier pont, puis le cañon s'élargit et son extrémité n'avait pas été revisitée depuis 20 ou 25 ans.

Abîmes de Heyle. — En arrière du sommet des falaises (rive droite) de Cacouette nous avions reconnu en 1907 (d'après les renseignements transmis par M. E. Fournier) deux gouffres dans la forêt de Heyle; ils s'ouvrent 250 à 300 mètres plus haut que le fond du cañon et à une toute petite distance dans le sens horizontal. Le premier (Ourdantheguiette ou trou de la Loge du Cochon, vers 750 mètres d'altitude) paraît bouché par des troncs d'arbres à 20 ou 30 mètres de profondeur; son orifice mesure 4 à 5 mètres sur 2. Le second (trou d'Audiette, à 800 mètres d'altitude [3]) au

[1] A 535 mètres d'altitude (pont à 520 mètres). En 1907 comme en 1908, les moyennes de mes observations barométriques m'ont donné pour le cirque de Bentia une altitude de 435 mètres. Mais la carte au 1/5000 du service des forêts, obligeamment communiquée par M. de la Hammelinaye, inspecteur à Pau, fait passer là la courbe de 450 mètres. J'ai donc adopté cette cote et augmenté de 15 mètres toutes celles de la partie inférieure de Cacouette.

[2] A 540 mètres.

[3] J'adopte ce chiffre comme une moyenne approchée entre plusieurs résultats, qui ont varié de 766 à 823 mètres. Il reste une forte incertitude sur la cote et l'emplacement du gouffre.

M. Martel.

sud du ruisseau Larrandaburu, est immense : 6o mètres sur 3o environ de diamètre à l'ouverture, qui se compose de cinq vastes bouches, entre lesquelles plusieurs ponts naturels de roche, demeurés en place, controuvent la théorie surannée, mais toujours tenace, de la formation des gouffres de *bas en haut* par voie d'effondrement (elle n'est vraie que dans un cas sur dix environ) [voir *C. R. Acad. sc.*, 14 octobre 1889] : ici la démonstration est matérielle que l'abîme de Heyle, véritable écumoire, a été formé par les infiltrations érosives, *de haut en bas*, de puissantes absorptions, réduites aujourd'hui à quelques filets d'eau. Les cinq orifices convergent dans l'entonnoir d'un premier puits de 35 mètres de profondeur, au bas duquel une sorte de ruelle (comme au gros aven de Can-

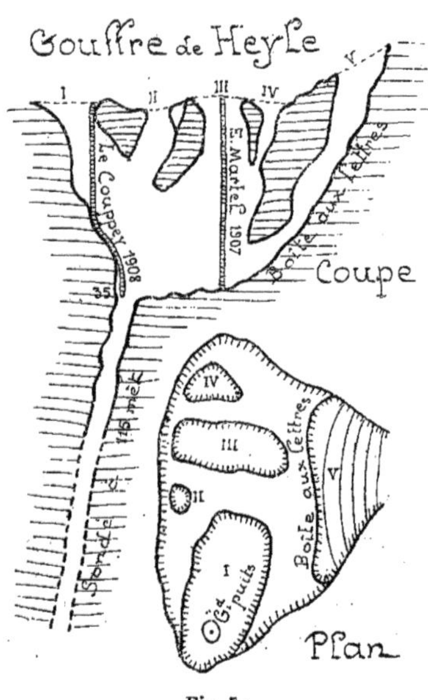

Fig. 59.

juers) [voir *C. R. Acad. sc.*, 11 décembre 1905, et *Annales de l'Hydraulique agricole*, fasc. 33] mène à la bouche d'un second puits de quelques mètres seulement de diamètre : il est vertical, d'après mon sondage, sur 115 mètres à pic et je n'ai pu y descendre en 1907, faute de matériel et de personnel suffisants. Donc à 150 mètres de profondeur (au moins) la sonde s'est arrêtée 115 mètres plus haut que la sortie de la cascade résurgente de la rive droite de Cacouette (voir ci-dessus). Dans l'entonnoir, à 35 mètres sous terre, l'air et un filet d'eau sont à 9° C. *à la même température que la cascade d'en bas.*

Ce gouffre et ses abords sont le plus remarquable et synthétique exemple des trois termes normaux de la genèse et de la circulation des eaux souterraines des calcaires : absorptions supérieures par les fissures agrandies en abîmes, — écoulement et emmagasinement dans les rivières intérieures et les cavernes, — réapparitions inférieures dans les vallées, par les résurgences à débit variable, lié à celui des précipitations

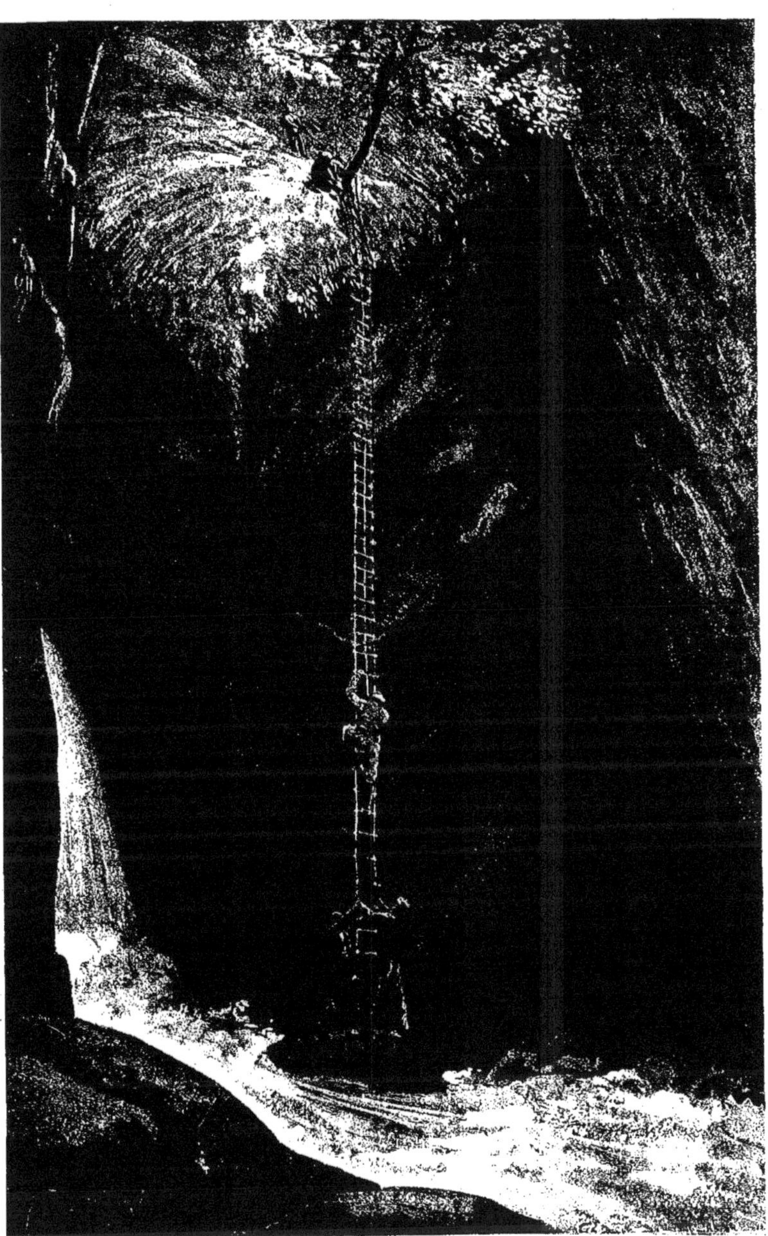

Fig. 60. — Descente de la grotte supérieure de Cacouette
(Dessin de L. Rudaux, d'après nature).

H. Demoulin Sc.

atmosphériques régionales et, de plus, la très grande réduction des infiltrations actuelles par rapport aux eaux perforantes d'autrefois.

Voilà ce que l'on savait avant nos nouvelles recherches de 1908, qui ont ajouté ce qui suit :

Le ravin de Cacouette a pour origine un cirque escarpé, très régulier, de 1,200 à 1,500 mètres de diamètre, érodé dans le flysch (schistes et grès *daniens*) et encerclé par le pic de Bimbalette, 1,738 mètres, le port d'Ourdayté et les escarpements des bois d'Hiscondissé (1,600 à 1,700 mètres). C'est un beau bassin imperméable de réception des eaux pluviales, qu'on aurait pu transformer en réservoir, s'il avait été plus grand, moins éloigné des lieux habités et surtout moins incliné : comme on ne pourrait placer un barrage qu'à 950 mètres d'altitude environ, il faudrait lui donner une hauteur énorme pour emmagasiner le million de mètres cubes tout au plus que les pluies pourraient fournir à un bassin artificiel! Le résultat serait certainement disproportionné à la dépense. (V. Pl. XVIII ci-après.)

Au pourtour du bassin, les ruissellements, assez nombreux, marquent 16° C. vers l'altitude de 1,100 mètres (au soleil, le 13 août).

Plus bas, à la limite du flysch et du calcaire crétacé à hippurites (calcaire des cañons de Fournier), juste au-dessus du pont de Sarday Chiloa (Sarday Chilour du 1/80000) [930 mètres], il y a une émergence à 9° 5 C. qui grossit fortement le petit gave déjà formé. Elle doit provenir d'infiltrations d'Hiscondissé.

Immédiatement à l'aval du pont, le torrent s'encaisse dans une cassure que termine une cascade; c'est un brusque cran de descente du thalweg, provoqué non pas par un ancien phénomène glaciaire, comme le prétendraient certainement les partisans du pouvoir excavateur de la glace, mais simplement par un changement lithologique dans la nature du terrain : le calcaire fissuré s'est prêté à la formation d'une cluse. Les ingénieurs d'il y a 25 ans avaient jeté par-dessus un petit pont, que les douaniers ont détruit pour interdire aux contrebandiers espagnols l'accès de Cacouette. Aussi la cluse est-elle impossible à descendre (car sa dénivellation, cascade comprise, est de 40 mètres) et très difficile à tourner; sur la rive droite, il faut remonter à 1,030 mètres (vue splendide sur le cañon à l'aval) pour exécuter (Fournier, Le Couppey et trois aides) une dangereuse descente de 140 mètres de hauteur, le long de pentes en falaises presque à pic, en dessus même de la cascade, avec de fréquentes manœuvres de rappel de corde autour des troncs d'arbres; par la rive gauche, la cluse est moins malaisée (Rudaux, Bourgeade, moi-même et deux aides), bien que des cordes aussi soient nécessaires et même une échelle de cordes de 10 mètres pour le surplomb contigu à la cascade; au pied de celle-ci, 890 mètres, il faut traverser le torrent dans la crevasse même, en prenant bien garde de se laisser entraîner par l'eau. (V. Pl. XVI, fig. 60.)

Après ce très haut gradin, le cañon descend rapidement, toutefois sans autre grand emmarchement. Il est superbe, alternativement large ou resserré, mais le chemin est exécrable, à peu près démoli par les éboulis ou effacé par la végétation, surtout après la traversée d'une jolie forêt d'ormes, de hêtres et de buis géants, agrandis dans la fraîcheur du fond de la gorge. Le courant bondit en cascatelles ou écume à travers les roches, mais ne se perd nulle part. Ici, l'absorption n'exerce pas encore ses ravages. Trois fois on traverse le gave, en amont de la zone des grottes et résurgences latérales, qui accidentent si curieusement le cañon sur une étendue d'environ 600 mètres. Sans aucun doute, il existe là une zone de fractures multipliées, par où le cañon s'est très

5.

capricieusement creusé, en soutirant, au fur et à mesure de son creusement, les eaux
englouties plus haut sur les plateaux. Aussi rencontrons-nous ici une série très complexe de cavités superposées. Nous les avons longuement examinées. (V. Pl. XV et XVI.)

La première est sur la rive gauche, un trou (1 du plan au 1/20000) impossible à
atteindre à travers les arbres qui hérissent une falaise; une cascatelle en sort à 610 ou
620 mètres d'altitude environ. Elle débite les infiltrations des plateaux qui la
dominent. (Fig. 72, Pl. XX, p. 72.)

Ensuite et un peu plus haut (rive gauche) une large cavité (2), ouverte à 640 mètres,
se rétrécit si vite qu'à 30 mètres on ne peut plus y avancer même en rampant. Un petit ruissellement en découle. (Pl. XVIII, fig. 64.)

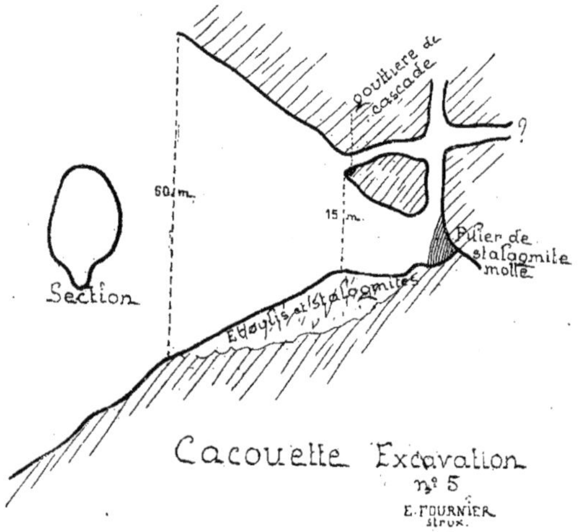

Fig. 61.

Le n° 3 (rive gauche) est une caverne inaccessible.

Le n° 4 (rive gauche), sur le ruisseau d'Othecar, n'a pas été visité; il est en dessus
d'une petite cascade.

En face du n° 2, vers 595 mètres, on a repéré sur la rive droite le point où, à
200 mètres en l'air, Le Couppey de la Forest a pu arriver au bord de la falaise depuis
l'orifice du gouffre de Heyle (voir ci-après), distant de ce bord d'environ 150 mètres.

Le trou n° 5 (rive droite) est d'accès fort difficile (vers 650 mètres), par des éboulis très instables; c'est une ancienne émergence à deux niveaux superposés. La coupe
ci-dessus évite toute explication; ses conduits extrêmes sont remontants et d'une exiguïté
qui cadre mal avec la grandeur impressionnante de l'orifice (60 mètres de hauteur).

De même le n° 6 (plus bas, 570 mètres) aboutit, après 20 mètres de pénétration
en forte pente, à une double résurgence sèche dans la voûte, deux vrais tuyaux.

Traversant le premier pont de bois (altitude : 540 mètres; le dernier quand on remonte le cañon par l'aval) on arrive presque aussitôt à la *grotte de Cacouette* (rive gauche)
dont le seuil est à 540 mètres. Le 21 juillet 1907, avec le canot démontable (système

Fig. 62. — Grotte Nº 5 du Canon de Cacouette. — Ancienne sortie d'eau
(Dessin de L. Rudaux, d'après nature)

H. Demoulin Sc.

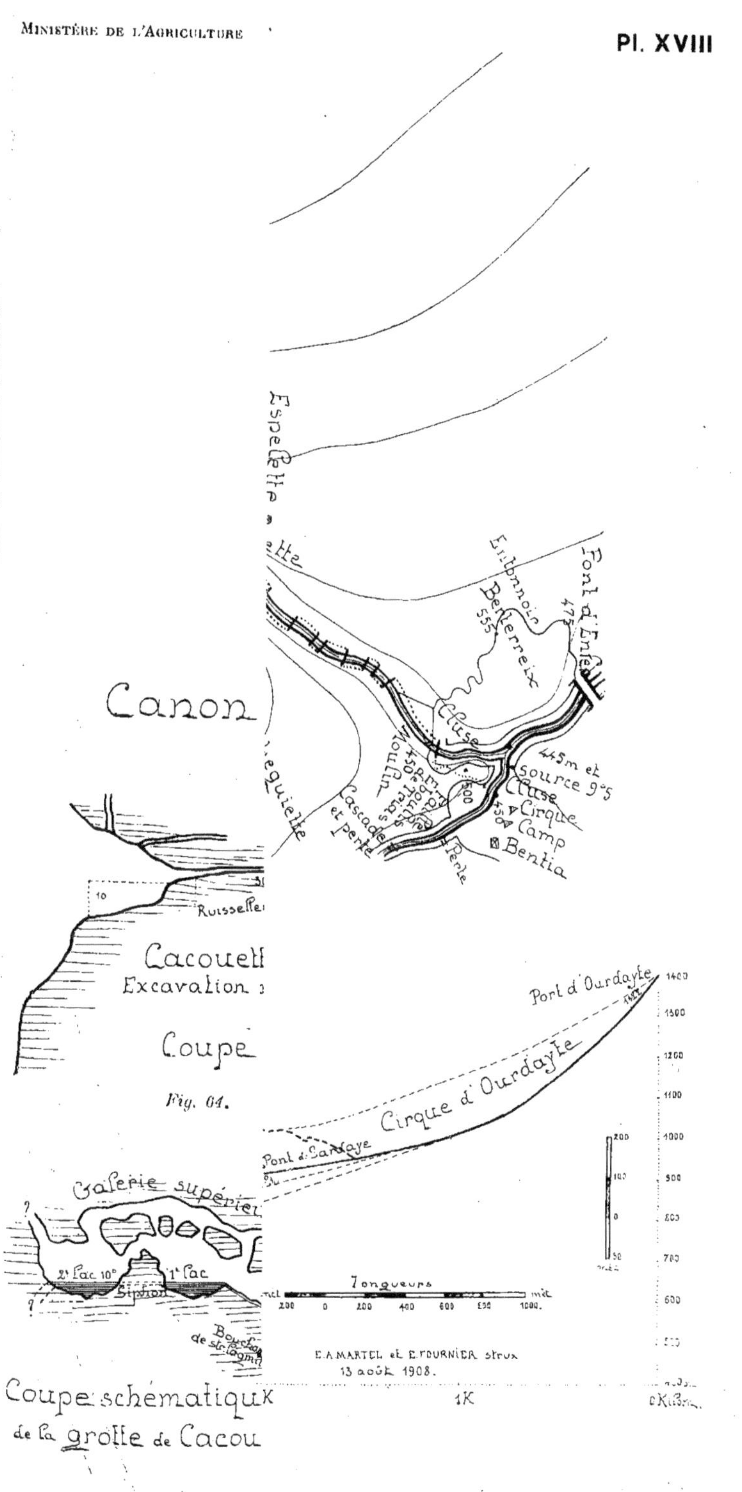
Espelette
Espelette
Canon
Canon
Eribrnoin Belferreix 555
Pont d'Enfer 475
Cluse
445 m et source 9°5
Cluse
Cirque 450
Camp
Bentia
Moulin 450
Cascade et perte
Perte
500
200
10
Ruisseler
Cacouett
Excavation
Coupe
Fig. 64.
Port d'Ourdayte 1400
1400
1300
Cirque d'Ourdayte
1200
1100
Pont de Cartaye
1000
900
Galerie supérieur
800
700
600
2° lac 10°
1° lac
Siphon
Bouche de stalagmi
200
100
0
50
Coupe schématique
de la grotte de Cacou
Longueurs
200   0   200   400   600   800   1000.
E.A.MARTEL et E.FOURNIER strux
13 août 1908.
1K

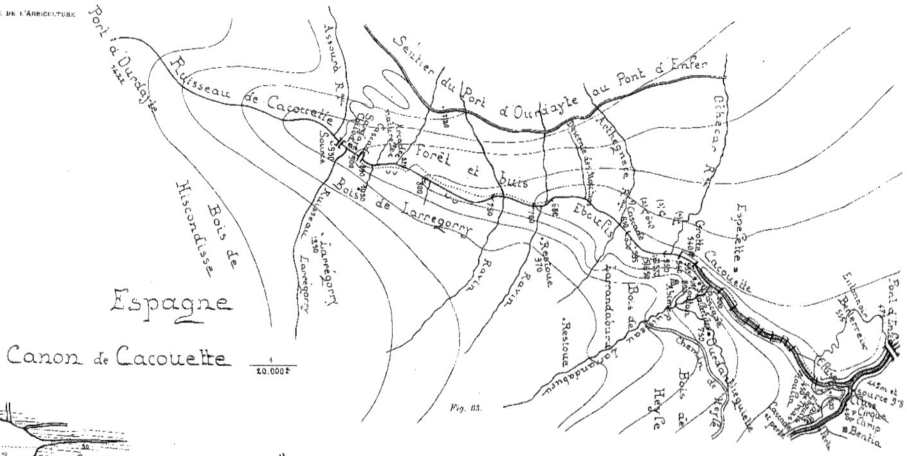

MINISTÈRE DE L'AGRICULTURE
Espagne
Canon de Cacouette
1
20.000e
Fig. 63.
Fig. 61. 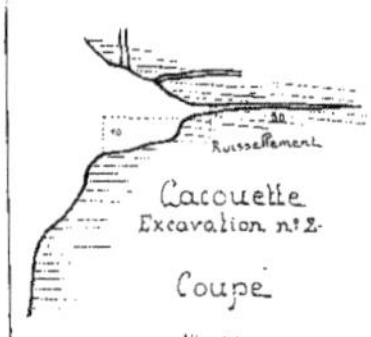
Cacouette
Excavation n° 2.
Coupe
Galerie supérieure
Fig. 60.
Coupe schématique
de la grotte de Cacouette
Schema de la
grotte de Cacouette
Fig. 64.
Profil en long du ravin
de Cacouette
Profil approximatif du bord des escarpements
de la rive droite
Courbe d'équilibre théorique
Cirque d'Ourdayte
Port d'Ourdayte
Longueurs
Fig. 67.

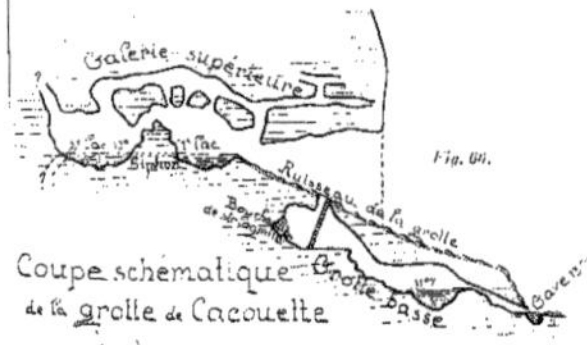

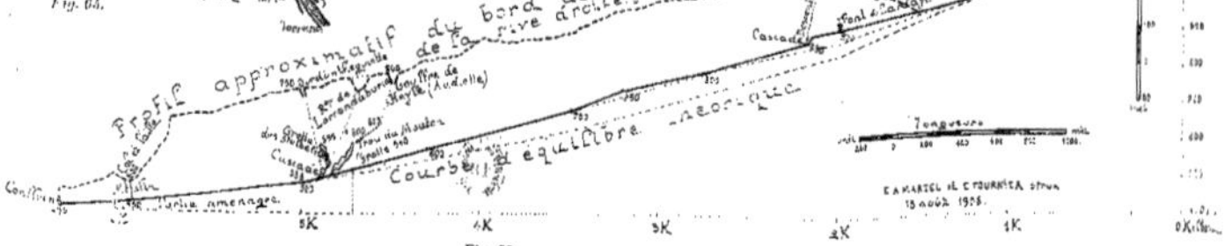

Montjardet) de M. Dufau, j'avais pu l'explorer 3o mètres plus loin que le premier lac. Nous y avions trouvé un deuxième lac séparé du premier par un siphon; plus loin, des ouvertures impénétrables à cause de l'eau qui les remplit. (Pl. XVIII, fig. 65 et 66.)

Cette grotte et ses abords ont présenté des particularités de température des plus intéressantes :

Petits lacs intérieurs : 10° 5 C. le 21 juillet 1907; 9° 4 C. le 1er août 1908, 9° 5 le 11 août 1908.

Bassins de la grotte inférieure à l'aval de la sortie : 11° 7 le 21 juillet 1907; 11° 5 le 11 août 1908.

Eau des suintements rocheux extérieurs un peu en amont : 10° 5 C. (11 août 1908; air à 18°).

Eau du torrent en amont : 13° 7 le 21 juillet 1907; 14° le 1er août 1908; 14° 5 le 11 août 1908.

L'eau de la grande cascade (rive droite), à 200 mètres en aval, donnait 9 degrés C. le 21 juillet 1907, 9° 8 le 1er août 1908, 9° 5 le 11 août 1908.

Ainsi il existe en dessous de la grotte de Cacouette, et *latéralement*, une grotte inférieure qui renferme des bassins d'eau d'infiltration de 2 degrés moins frais à 11° 7 (*en été*). Les chiffres si différents ci-dessus confirment la loi que j'ai établie, dès 1894 (*C. R. Ac. sc.*, 12 mars 1894), et que l'on conteste encore parfois, de la variabilité et de l'inégalité absolue des températures dans les eaux souterraines du calcaire. Ces inégalités à Cacouette s'expliquent aisément par des particularités hydrologiques et topographiques, d'ailleurs aussi simples que fréquentes[1].

Pour les intérieurs de Cacouette et la grande cascade, les variations sont dues aux diversités saisonnières de température, qui affectent les pluies absorbées sur les plateaux et qui ressortent au fond du ravin. Pour la grotte inférieure, un mélange avec les eaux du torrent (après les crues de celui-ci) est possible, ou bien la circulation de l'air entre l'orifice supérieur et celui qui débouche au torrent introduit un peu de la chaleur extérieure. En hiver donc, cette grotte basse doit être plus fraîche.

Il faut remarquer qu'elle est absolument contiguë au lit du ruisseau sortant de la grotte principale immédiatement voisine; c'est seulement en temps de crue que les eaux de ce ruisseau peuvent y descendre par un trou du plafond et par voie de débordement; à l'étiage, aucune goutte n'y arrive de l'amont malgré une dénivellation de 10 mètres, puisqu'il y a 1° 7 à 2 degrés de différence entre les deux eaux totalement indépendantes. Cela prouve l'existence formelle de cloisons étanches, de massifs compacts imperméables, l'absence fréquente des anastomoses dans le calcaire le plus fissuré; en constatant ainsi, à quelques mètres de distance à peine, deux étages de cavités aquifères thermométriquement distinctes, nous acquérons une nouvelle preuve *irréfutable* de cette autre loi de l'inexistence des *nappes d'eau* continues dans les calcaires, principe que je ne cesse de démontrer depuis vingt ans (*C. R. Ac. sc.*, 25 novembre 1889) et que tant d'ingénieurs et de géologues s'obstinent encore à combattre, au *grand préjudice pratique et hygiénique des adductions d'eau*.

Nos nouvelles investigations d'août 1908 ont établi que la galerie supérieure n'est

---

[1] A Ferrières-sur-Sichon (Allier), au gour des Fées, la résurgence de la grotte des Fées (altit. : 5oo mètres) est à 11° 5 C.; à 200 mètres en aval une autre *source* est à 9 degrés C. (24 août 1907).

qu'un ancien passage d'eau, et que plusieurs trous aux voûtes du second lac sont impénétrables.

En somme, toute la caverne est la résurgence d'eaux absorbées sur les pentes dominantes de l'ouest; nous avons parcouru ces pentes en montant à la tête du cañon de Cacouette pour le redescendre avec le torrent; nulle part on n'a pu nous y indiquer de gouffres; mais on y voit plusieurs dépressions fermées, entonnoirs même, où les pluies s'engloutissent rapidement.

Il faut reléguer au rang des fantaisies l'opinion qui affirme à la grotte de Cacouette un prolongement très intéressant, ainsi que la légende basque, qui la fait ressortir à plusieurs kilomètres, en Espagne, au sud du port d'Ourdayte.

Trou du Mouton. — Continuant à descendre le torrent de Cacouette, et le franchissant sur une deuxième passerelle, on arrive, à 130 mètres de distance de la grotte de Cacouette, à la plus intéressante de toutes les cavités : c'est le *Trou du Mouton*, à 70 mètres en amont de la grande cascade résurgente (rive droite), à l'intérieur de laquelle nous espérions (en vain) accéder par cette voie.

Ce trou, signalé dès 1904 par M. Dufau[1], s'ouvre en voûte élevée à une vingtaine de mètres au-dessus du torrent (15 du sentier) : son seuil est à environ 535 mètres, au niveau même du sommet de la grande cascade. Le 1er août 1908, il en descendait un petit ruisselet à 9°8, exactement la température de la cascade. Nous escomptions donc une dérivation et une communication assez directes. Il fallut déchanter malgré trois minutieux examens (1er, 11 et 12 août). Ce trou n'est pas une grotte, mais simplement la base, la fin, l'issue d'un abîme. La coupe ci-contre montre comment, dès le seuil, il faut monter d'une vingtaine de mètres le long du rocher pour redescendre bientôt de l'autre côté au fond d'une salle close de toutes parts, sauf au Sud, où la paroi remonte abruptement. A la première visite, de forts suintements alimentaient un petit bassin d'eau. Quelques grammes de fluorescéine jetés dans ce bassin intérieur ressortent en quelques minutes au suintement extérieur (1er août). (Le 11 août le bassin était tari, ou du moins réduit à un filet d'eau). [Fig. 68, Pl. XIX.)

La surprise fut grande de trouver dans cette petite salle (empâtés et stratifiés dans une argile calcareuse) les os d'un mouton et des cailloux de schistes gothlandiens, d'ophite et de poudingue permien ne pouvant absolument pas provenir d'ailleurs que des hauts plateaux de l'Est, où se voient précisément le gouffre de Heyle et des roches de cette nature. Une manœuvre des plus dangereuses permit à Fournier, Maréchal, Rudaux, Jammes et Jeannel de s'élever de 35 mètres le long de la paroi méridionale; pour y parvenir il fallut, à un certain moment, lancer de bas en haut un lasso de corde autour d'un bloc en surplomb; quand on eut surmonté l'obstacle, on s'aperçut que le bloc adhérait fort mal et qu'il eut parfaitement pu culbuter sur la grappe humaine acharnée à l'escalade; arrivés ainsi sur une petite corniche P, forcé fut de s'arrêter sous une large cheminée de forme conique, base évidente d'un aven; le magnésium l'éclairait jusqu'à 25 ou 30 mètres plus haut sans montrer de plafond dans le trou noir.

Était-ce bien l'aboutissant, l'issue inférieure du grand gouffre de Heyle ou trou

---

[1] Grottes et abîmes du pays basque, *Spelunca*, n° 37, juin 1904, p. 80.

Fig. 68. — Cacouette. — Le Trou du Mouton. — Fond du gouffre de Heyle (p. 374).
(Dessin de L. Rudaux, d'après nature)

H. Demoulin Sc.

d'Audiette, que j'avais l'an dernier sondé à 150 mètres de profondeur et visité à 35 mètres? (voir p. 66).

L'altitude de son orifice est de 800 mètres environ[1]. Sa distance est, à vol d'oiseau, 140 mètres du bord Est du cañon et autant de la cheminée verticale du Trou du Mouton. La superposition par rapport à cette dernière ne pouvait donc être directe, mais seulement coudée ou raccordée par des tronçons de couloirs plus ou moins obliques.

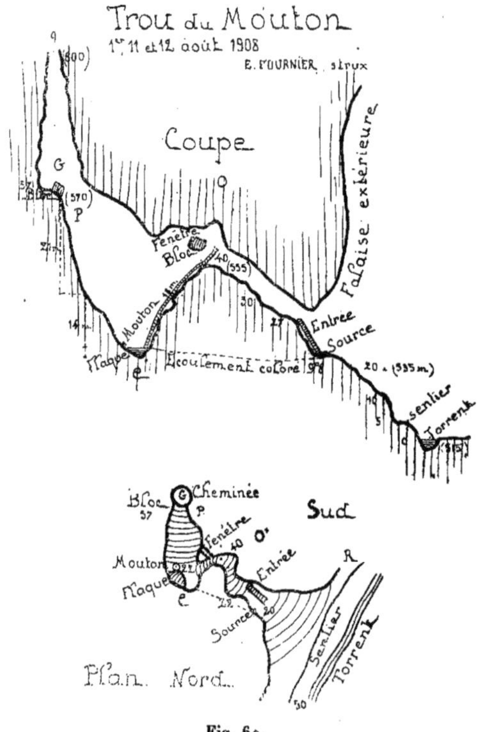

Fig. 69.

Pour élucider la question, Le Couppey de la Forest se rendit le 12 août, avec des aides, au trou d'Audiette, descendit au fond de l'entonnoir de 35 mètres et, pendant trois quarts d'heure, à diverses reprises, précipita des cailloux, rochers et troncs d'arbres dans le grand puits de 115 mètres. A la même heure (convenue d'avance) Jammes était posté en vedette sur le dos d'âne du Trou du Mouton (altit. : 555 mè-

---

[1] Je ne puis préciser davantage à cause des incertitudes de mes cotes barométriques dans toute cette région (voir p. 62), qui m'ont fourni pour le trou une variante de 766 à 823. J'adopte 800 comme un chiffre rond provisoire. Le plan du service forestier au 15/000 donne des courbes qui placeraient le gouffre vers 850 mètres, ce qui, je crois, est exagéré.

tres)', plusieurs fois il entendit nettement des roulements par le haut de la cavité, mais assez lointains, comme les échos de grondements assourdis ; une seule fois, après le plus violent bruit, quelques pierrailles tombèrent jusqu'au fond du Trou du Mouton, au pied du poste d'observation.

L'expérience était concluante : le gouffre de Heyle aboutit certainement au Trou du Mouton avec 265 mètres de profondeur (sous réserve de la vérification des altitudes).

Entre le point où s'est arrêtée ma sonde en 1907 (environ 650 mètres) et celui où la vue a atteint en 1908 (600 mètres), il ne reste que 50 mètres de verticale pour 140 mètres de distance horizontale. Il est certain qu'un ou plusieurs talus d'éboulis et couloirs obliques, ou contournés en hélice, comme dans quantités d'abîmes connus, y

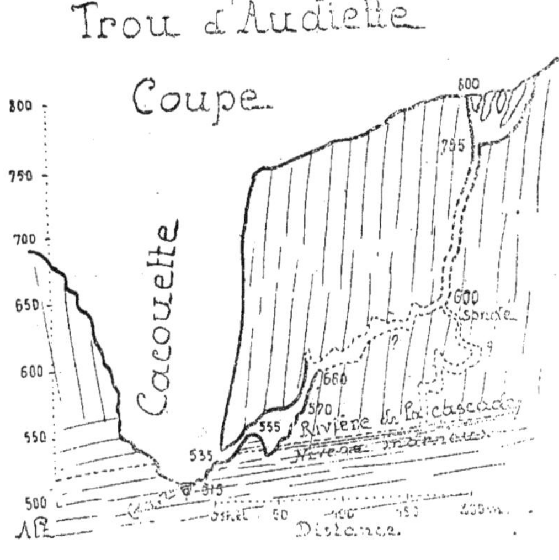

Fig. 70.

existent, et retiennent dans leurs courbures les matériaux tombés ou jetés au gouffre de Heyle ; seuls quelques-uns, par rebondissements exceptionnellement propices, réussirent à opérer toute la descente, comme le mouton ou les cailloux du trou inférieur.

La preuve est donc faite qu'il existe là un abîme débouchant dans la paroi d'une vallée qui l'a drainé ; au fond de cet abîme une immense cuve (salle du Mouton) a été taraudée par les eaux, que la résistance d'une assise et la disposition des fissures a forcées à sortir par siphon normal au-dessus du dos d'âne coté 555. L'approfondissement de l'abîme s'est arrêté avant que le niveau marneux du fond ait été perforé ; et ce niveau doit être bien étanche puisque, à proximité, il retient encore la rivière souterraine qui jaillit par la cascade. L'absence de communication entre celle-ci et le Trou du Mouton montre (comme à la grotte d'Amont) à quel degré d'indépendance les fissures du calcaire peuvent parvenir entre elles dans certains cas ; alors qu'au contraire elles

Fig 71. — Cañon d'Uhaix-Charré.
(p. 365)

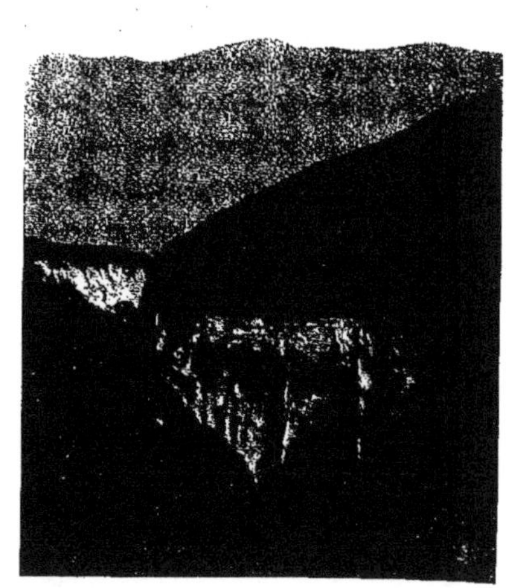

Fig. 72 — Cacouette vu d'en haut.
(p. 372)

Fig. 73. — Fissure de Cacouette.
(p. 367).

Fig. 74. — Grande cascade de Cacouette.
(p. 378)

H. Demoulin Sc.

sont ailleurs rapprochées et anastomosées au point de *donner l'illusion d'une nappe par les réseaux d'eau qui y circulent.*

Ce Trou du Mouton nous instruit tout particulièrement sur le mode de terminaison d'un abîme non bouché et fait du gouffre de Heyle le second en profondeur de la France et (sauf erreur ou omission) le cinquième de l'Europe [1]. La coupe ci-contre évite tout autre commentaire.

Ayant obtenu ce singulier résultat de connaître un grand gouffre *par le bas*, nous avons résisté à la tentation d'opérer la descente de l'abîme de Heyle. Il eût été cependant bien curieux d'entrer sous terre par une cheminée sur un plateau et d'en sortir par une fenêtre dans le cañon; et surtout de rechercher si, par quelque bifurcation, au pied du puits de 115 mètres, il n'y a pas communication avec la rivière souterraine qui n'a pas voulu se laisser découvrir; cette hypothèse est, pour moi, extrêmement plausible (voir la coupe).

Mais la visite du puits de Heyle nous eût consommé plusieurs jours et de fortes dépenses. En l'état, la descente est trop dangereuse à cause des éboulis du grand entonnoir de 35 mètres. Il faudrait longuement et coûteusement le déblayer et y endiguer les gros éboulis. Un véritable et solide barrage devrait être établi en travers du trou n° 5 que j'ai nommé *boîte aux lettres*, à cause de sa forme et de l'aisance avec laquelle il engloutit les matériaux tombés du haut, en même temps qu'un léger filet d'eau. Et peut-être qu'avant même le fond du puits de 115 mètres quelque gros tronc d'arbre ou bloc-rocheux, coincé en travers, empêcherait la descente humaine sans avoir fait obstacle à celle de la sonde, d'os et de cailloux isolés; j'ai constaté le cas bien des fois: à Hures (Lozère) [2], au Scialet Félix (Vercors), au petit plan de Canjuers (abîme n° 9) [3], en Vaucluse, etc.; ou encore ce sont des rétrécissements passagers de fissures qui risquent d'arrêter l'homme, mais non les pierres et débris de carcasses, comme au fond de Pène-Blanque (voir p. 7).

C'est pourquoi, et conformément à l'avis unanime (moins une voix) de notre troupe, je n'ai pas cru devoir exposer de grands frais et aussi la vie de plusieurs camarades pour un objectif qui, après les constatations ci-dessus, tombait au rang d'un sportif exercice d'amour-propre.

A 50 mètres à l'aval du Trou du Mouton, la *grotte des stalactites déviées* est une fissure parallèle à celle d'où sort la cascade, et bien plus rapprochée de celle-ci que du Trou du Mouton.

Une première tentative (1ᵉʳ août) nous avait donné l'espoir d'accéder par là au courant souterrain; une deuxième (13 août, Maréchal, Jammes et Jeannel), à grands renforts d'échelles et d'escalade, aboutit aux mêmes déceptions et constatations qu'au Trou du Mouton. Comme le montrent les plan et coupe ci-contre, cette cavité pénètre de 100 mètres dans la masse calcaire, mais surtout dans le sens vertical. De l'étroite fissure par où on a pu s'y insinuer, au niveau même de la sortie de la cascade voisine, on a trouvé accès à deux salles successives, escaladées sur 60 mètres de hauteur et

---

[1] Chouran Martin (Dévoluy, Hautes-Alpes), probablement 500 mètres et certainement beaucoup plus de 310 mètres; Trébic (Karst), 321 mètres; Kacna-Jama (Karst), 305 mètres; Padric (Karst), 273 mètres; Grotta dei Morti (Karst), 264 mètres; gouffres-grottes de Morez et du Paradis, dans le Jura, 250 mètres; Rabanel (Hérault), 212 mètres, etc.

[2] A 130 mètres de profondeur, *Les abîmes*, p. 224.

[3] *Annales de l'Hydraulique agricole*, fascicule 33, 1905.

aboutissant, elles aussi, au pied d'une cheminée verticale. Est-ce une autre ramification du grand gouffre de Heyle, ou la base de celui d'Ourdanthegniette? Pour répondre, il faudrait y descendre!

Entre les deux salles se trouvent des *stalactites déviées* en forme de baïonnettes, de drapeaux, de zigzags, etc., des plus curieuses. Ce sont des accidents de cristallisations observés beaucoup plus fréquemment qu'on ne le croit, mais dont l'explication demeure

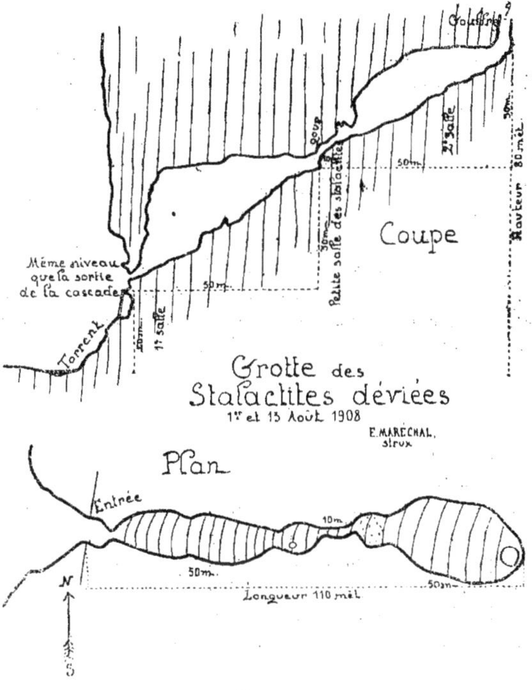

Fig. 75.

hypothétique (phénomène colloïdal, ou effet d'osmose?). Je ne puis que renvoyer à ce que j'en ai dit ailleurs [1]. L'action des courants d'air ne suffit pas pour les produire.

La grande cascade, à 70 mètres en aval du Trou du Mouton, a défié tous nos efforts de pénétration. Son orifice de sortie est vers 535 mètres d'altitude et sa hauteur de 20 mètres depuis le pied.

Le meilleur moyen pour y accéder consisterait à grimper par en bas en scellant des crampons de fer obliques dans la muraille (côté sud) surplombante, haute de 15 à 18 mètres, d'où tombe la cascade. (Fig. 74, Pl. XX.)

C'est un travail d'une semaine et d'un millier de francs au moins; nous ne pouvions

[1] *L'évolution souterraine*, p. 126-129.

y songer cette fois après les frais et le temps absorbés par les recherches déjà faites. Une échelle de bois devrait avoir 25 mètres de longueur; pour être suffisamment solide elle aurait un poids qui ne permettrait guère de l'apporter jusque-là; et la disposition de l'orifice de sortie des eaux ne semble pas favorable à cette manœuvre. J'en ai fait en 1899 la fâcheuse et vaine expérience à la source du Cholet en Vercors[1] qui est tout pareillement disposée.

De la rive gauche du cañon de Cacouette (ici fort élargi) nous avons cherché, en grimpant à hauteur de l'orifice de sortie des eaux, à fouiller son intérieur à la lorgnette : un rapide à très forte pente paraît précéder la brisure même de la chute; un angle

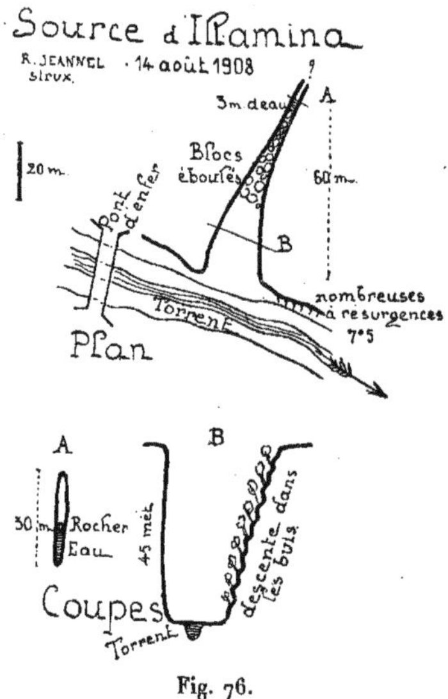

Fig. 76.

tournant arrête la vue; il semble que, là aussi, la fissure soit d'ordre plutôt vertical, à moins qu'il n'y ait un siphon (comme à la grotte des Eaux-Chaudes).

En Suisse, sur la rive droite du Walen-See, près Zurich, la cascade dite *du Petit-Rhin* est une résurgence exactement semblable : on n'a pu y pénétrer que de quelques mètres[2] jusqu'à l'inexorable siphon qui emmagasine les eaux d'amont !

Pendant la visite de la grotte aux stalactites déviées, *on n'y a perçu aucun bruit intérieur révélant la circulation ou la chute de l'eau* souterraine pourtant si abondante et si voisine.

La cascade de Cacouette reste donc un mystère.

Tel est Cacouette, inachevé quant à ses énigmes d'hydrologie souterraine, mais déjà bien instructif, surtout si l'on y ajoute les deux derniers renseignements suivants :

Presque en dessous et à l'aval du Pont d'Enfer (475 mètres), au niveau et sur la rive gauche du gave de Saint-Engrâce, Jeannel et Troller ont visité (le 14 août) une

[1] *Annuaire des Touristes du Dauphiné*, année 1899.
[2] Voir *La Géographie*, 15 mai 1903, p. 351.

forte résurgence, nommée Illamina (trou du Sourcier), dissimulée dans les buis, qui en rendent l'accès difficile. Son altitude est dans les 430 mètres environ [1].

A l'issue d'une grande cassure, de nombreuses venues d'eau jaillissent, dans le thalweg même, à la *très basse température de* 7° 5. On peut pénétrer dans la fissure jusqu'à 60 mètres de distance, en passant par-dessus un éboulis de blocs qui l'encombre; puis on retrouve l'eau à 7° 5 également; mais la fissure, haute de 30 mètres, devient si étroite qu'on ne pourrait s'y engager ni en bateau ni à la nage (voir la fig).

La constatation de température est capitale, elle prouve : 1° Que cette résurgence vient des hautes altitudes, peut-être des abîmes à bouchon de neige puisque elle a 2 degrés à 2° 1/2 de moins que les résurgences du ravin de Cacouette, cependant situées 100 mètres plus haut; c'est précisément ce que nous recherchions; 2° Que les eaux de la cascade et de la grotte de Cacouette ont donc une origine différente, moins élevée et plus rapprochée; 3° Que le refroidissement provoqué par les fraîches infiltrations des hauts plateaux persiste jusqu'en plein été et qu'ainsi leur descente doit être rapide, à travers les 1,000 à 1,300 mètres de terrains interposés; c'est la confirmation des désastreuses expériences involontaires des tunnels du Simplon et de Weissenstein (Jura suisse); «même à une grande profondeur, le calcaire reste une roche froide, parce que ses fissures y laissent descendre librement les eaux fraîches des hautes absorptions, au point d'annuler totalement les effets normaux [2] de la géothermique»; 4° Qu'il y a, dans cette région, au moins deux circulations souterraines indépendantes et superposées, la plus lointaine et la plus élevée *passant sous la plus rapprochée;* 5° Qu'un niveau marneux imperméable en partie non perforé les sépare, assurément celui qui retient et fait converger les eaux souterraines de Cacouette à 535 mètres d'altitude; 6° Que la théorie des *nappes* d'eau dans les calcaires se montre de plus en plus fausse et doit être remplacée par celle des réseaux et courants, souvent absolument indépendants.

Toutes ces données présentent un réel intérêt pratique pour les captages des eaux du calcaire en général. Elles ajoutent la région pyrénéenne (où on ne les soupçonnait pas) à la liste toujours grossissante des pays qui de moins en moins les monopolisent: Karst, Causses, Jura, Alpes, Belgique, Grande-Bretagne, Apennin, Espagne, Tatras, Grèce, Caucase, etc., bref toutes les parties du globe où la roche calcaire (quel que soit son âge) offre au travail des eaux souterraines le canevas tout préparé de ses fissures !

Enfin il faut noter qu'au dessus du Pont-d'Enfer, près de Berterreix, sur le petit sentier qui descend au moulin de Cacouette, il y a, vers 555 mètres d'altitude, sur une croupe herbeuse, une petite série d'entonnoirs, pertes et réapparitions d'un ruisselet, qui fournit un accident géologique tout spécial. Les coupes de Fournier ont rencontré ici du trias, renversé au-dessus du crétacé; des gypses, dépendant de ce trias, ont été dissous par les infiltrations et ont donné lieu à des cloches, fontis et absorptions comme dans les gypses du tertiaire parisien, des Alpes, des Apennins, de Sicile, etc. [3], phénomène particulier à cette roche soluble et confirmant toute l'importance de la lithologie ou nature des pierres.

---

[1] Sauf rectification de l'ensemble des cotes.
[2] *Évolution souterraine,* p. 140-142.
[3] *Évolution souterraine,* p. 158-164.

Après toutes ces constatations on conçoit que la région de Saint-Engrâce ne nous ait pas retenu moins de quinze jours assidûment bien employés par tous les membres de la mission !

Comme conclusions pratiques j'indique qu'il y aura lieu :

1° De rechercher par des analyses et des jaugeages, si la résurgence d'Illamina peut être captée pour des usages alimentaires;

2° D'étudier l'établissement d'un barrage à l'aval de la vallée de Sainte-Engrâce en amont de son confluent avec la rivière de Larrau. La profondeur et l'étroitesse du thalweg, l'altitude des rares habitations et de la nouvelle route que l'on va construire vers Saint-Engrâce semblent, *a priori*, favorables à la conception d'une chute artificielle de plusieurs décamètres de hauteur. L'alimentation de son réservoir serait en tout temps assurée par les plus bas débits du gave. (Bassin de 10,000 hectares.)

Renvoi aux ingénieurs compétents.

4. CAÑON D'HOLÇARTÉ-OLHADIBIE.

Le cañon d'Holçarté-Olhadibie est à la fois une remarquable merveille pittoresque, et une particularité hydrologique de premier ordre, certainement la plus intéressante trouvaille de toute notre campagne.

Il débouche à 7 kilomètres au sud-ouest de Licq, au pont de Logibar (370 mètres) sur la route de Licq à Larrau, à 2 kil. 1/2 à l'est de ce dernier village. Il jette dans le Saison les eaux descendues de la crête franco-espagnole sur le revers nord des Pics ou Monts d'Orhy 2,017 mètres, Iparbacoha 1,816 mètres, Itourzaétaco 1,624 mètres, Gostarria, Otxogorrigagné 1,920 mètres et Cachilla 1,969 mètres.

Tout ce qu'on en savait il y a trois ans était une note du regretté M. Bayscellance, ancien président de la section sud-ouest du Club alpin, qui avait relaté dans un bulletin de cette section une excursion faite *au sommet des falaises*, en suivant, autant que possible, le rebord supérieur du cañon; il en avait rapporté l'impression « d'étroites fissures de 150 à 200 mètres de profondeur, à parois profondément verticales, se prolongeant dans trois sens différents jusqu'à 2 ou 3 kilomètres de distance ». (*Guide Joanne*, Pyrénées, 1907, p. 83.)

En 1906 MM. Bourgeade, Veïsse, Dufau en avaient remonté la partie inférieure (1,600 mètres) jusqu'au confluent des deux principales branches, puis la branche occidentale pour revenir par les plateaux de la rive gauche.

Ensuite M. Fournier, chargé de relever les contours géologiques de cette partie du pays basque, avait de même parcouru la partie inférieure et la branche affluente occidentale, dont l'accès est déjà assez difficile; il avait pu se rendre compte aussi de la structure de la branche orientale en suivant la crête des rochers à pic qui l'enserrent.

Il en concluait que « près de Larrau, les cañons d'Holçarté et Olhadibie peuvent rivaliser avantageusement avec Cacouette, mais ils ne sont pas encore aménagés et sont actuellement d'un parcours très pénible et même dangereux. L'exploration ne peut être faite qu'aux basses eaux, en se mouillant au moins jusqu'à mi-cuisses et en se munissant de cordes et d'échelles mobiles; elle est des plus difficiles, mais elle vaut réellement la peine d'être entreprise, car ces deux cañons ne le cèdent en rien à celui de Cacouette, les parois calcaires y atteignent jusqu'à 300 mètres de hauteur.

En amont il faut encore aller visiter la jolie cascade de Phista d'en Haut, dans le crétacé supérieur tout près de la crête frontière [1]. »

En 1908 nous avons cherché à connaître le fond du cañon d'Olhadibie, parce que les profils en long des cours d'eau relèvent de l'étude physique, comprise dans les questions prévues par l'arrêté du ministre de l'Agriculture du 25 mars 1903 « pour l'évaluation des grandes forces hydrauliques en pays de montagne et l'utilisation de l'énergie produite par l'aménagement des cours d'eau ou de l'eau elle-même ».

Ce service constitué d'abord dans les Alpes par les soins de MM. Tavernier et de la Brosse sera étendu plus tard aux Pyrénées [2]. Il était utile de lui fournir d'avance quelques éléments d'appréciation.

Déjà le 23 juillet 1907, avec MM. Bourgeade, Veïsse, Dufau et plusieurs aides, j'avais à mon tour remonté le cañon d'Holçarté jusqu'au confluent des deux branches et en étais revenu émerveillé ; la distance depuis la maison cantonnière et le pont de Logibar (route de Licq à Larrau) est de 1,600 mètres, y compris les sinuosités du thalweg ; car c'est dans l'eau même qu'il faut effectuer le parcours des 700 derniers mètres. Pour les 900 premiers (à l'aval du cañon proprement dit) on suit, sur la rive droite, le petit sentier qui monte à Arbustola et que l'on quitte peu après la traversée du ravin de Arducolchi-co-Erreca pour descendre dans le lit du torrent. Celui-ci débitait beaucoup plus en juillet 1907 que lors de la visite de Bourgeade, Veïsse et Dufau en 1906. Un premier étroit demande une demi-heure sur moins de 100 mètres de parcours ; un second est infranchissable à cause de la violence du courant ; il faut le contourner en escaladant 23 mètres à peu près à pic sur la rive droite, pour passer sous un grandiose décollement de rocher, formant tunnel et qui a des airs de *cathédrale*. (Nous en avons rencontré de tout pareils au fond du grand cañon du Verdon en 1905 et 1906.) De l'autre côté du tunnel un tronc d'arbre barre la route dans l'eau ; une périlleuse et longue manœuvre (2 heures) le redresse et le transforme en pont branlant et glissant, long de 8 mètres, par-dessus le torrent profond et écumeux. En amont, une échelle extensible est employée six fois pour franchir des bassins de 3 mètres d'eau ou pour surmonter d'énormes blocs rocheux faisant barricade [3]. Le site est splendide, entre des falaises de 200 à 300 mètres et des largeurs souvent réduites à 10 mètres ou même 5 mètres. Cela ressemble aux belles parties du Verdon. Au bout de quatre heures de travail et d'immersions nous sommes au confluent, c'est du 175 mètres

---

[1] *La Nature*, n° 1792, 28 septembre 1907.

[2] Voir *Annales de l'Hydraulique agricole*, fascicule 32, 1905 : « Dans les Alpes a été poursuivi le recensement de nos forces hydrauliques, le catalogue de la houille blanche. MM. Tavernier et de la Brosse nous ont prêté leur concours pour mener à bien cette œuvre considérable.

« La Direction de l'Hydraulique et des Améliorations agricoles a déjà publié les résultats obtenus dans cette région jusqu'en 1905, et elle continuera à publier les résultats des années suivantes au fur et à mesure de l'avancement des travaux. Je regrette profondément que les crédits me manquent pour entreprendre le même travail d'une façon aussi rapide et aussi complète dans les Pyrénées. Dans cette dernière région, des jaugeages sont entrepris méthodiquement, mais faute de crédits suffisants pour le personnel, nous n'avons pas de service spécialisé qui soit à même de coordonner les travaux en vue d'une publication.

« Je remercie donc l'honorable M. Brousse de m'avoir prêté son concours pour obtenir de M. le Ministre des Finances, avec l'appui de la Chambre, les augmentations que je considère comme indispensables pour un budget futur. » (M. Ruau, ministre de l'Agriculture. Chambre des députés, séance du 10 septembre 1908, *Journal officiel*, p. 2149.)

[3] Voir mes photographies dans *La Nature* du 28 septembre 1907 (n° 1792).

à l'heure; mais le cañon de l'est (Olhadibia) est encore plus étroit et débouche dans Holçarté par une cascade de 10 mètres, nous ne sommes pas outillés pour la franchir et regagnons Logibar en deux heures et demie.

Dans les roches et les parois du lit sont creusés des marmites de géants comme au Verdon; un bloc en possède trois contiguës, avec les galets de transport, les polissages et les roches striées, *nullement glaciaires*, qui les accompagnent; ils fourniront les plus admirables exemples d'érosion pure que l'on puisse voir; j'en ai conclu que comme leurs analogues du Verdon, ils «donnent singulièrement à réfléchir sur l'origine soi-disant glaciaire de ces sortes d'accidents physiques trop souvent invoqués, selon moi, comme témoignages d'anciennes glaciations alors qu'ils sont simplement l'œuvre des eaux torrentielles» [1].

Nous avons eu toutes les peines du monde à débrouiller la nomenclature très contradictoire de la carte au 1/80000, — du plan cadastral — des relevés forestiers au 1/5000 — (obligeamment communiqués par M. de la Hammelinaye, inspecteur des forêts à Pau) et des appellations locales.

Je crois devoir m'arrêter à ceci :

Holçarté est la partie inférieure (de la maison cantonale de Logibar, sur la route de Licq à Larrau) jusqu'au confluent des deux branches principales.

Ibyharca-Olhado (1/5000 des Forêts) la branche de gauche ou de l'Ouest (Olhado-Uhaitca du 1/80000, Olhado tout court sur l'édition au 1/50000 et sur le 1/100000 du service vicinal), ramifiée plus haut dans les ravines de Phista.

Olhadibia-Olhado (1/5000 des Forêts) est la branche de l'Est (celle de droite), ramifiée plus haut dans les ravins de Burustola, etc.

Olhado doit être un nom générique signifiant quelque chose comme torrent, eau rapide, gorge étroite (?).

C'est d'ailleurs un infernal casse-tête que de se reconnaître dans tous ces noms basques, souvent très similaires entre eux, et toujours défigurés dans les transcriptions qu'en font les livres et les cartes.

Les altitudes aussi ont été très difficiles à déterminer parce que le baromètre, en ces gorges, oscille perpétuellement, empêchant l'établissement des moyennes et parce que nul repère ne permet d'en vérifier les écarts; les plaques du nivellement Lallemand ne sont pas encore posées et les cotes de la carte au 1/80000 sont beaucoup trop rares.

Nos diverses séries de 1907, 1908 et 1909, avec quatre baromètres, repérés sur le 265 du pont de Licq, ont fourni pour Logibar des moyennes variant de 366 à 386 mètres qui doivent se réduire aux environs de 370 mètres. Pour l'altitude du confluent j'ai adopté 422 mètres.

A propos de ces indécisions altimétriques nous avons été extrêmement frappés, M. Rudaux et moi, des brusques à-coups qui affectaient souvent l'aiguille du baromètre holostérique, durant nos divers parcours au fond de Cacouette et d'Holçarté. Maintes fois nous avons remarqué d'incompréhensibles sautes, particulièrement à proximité des parties les plus rapides des courants. Or, en mai 1904, un naturaliste belge, M. E. Rahir, a observé dans l'immense grotte du Höll-Loch (Suisse; la seconde de l'Europe en étendue, soit 9 kilomètres) que le baromètre était absolument perturbé au voisinage

---

[1] *C. R. Ac. des Sc.*, 9 décembre 1907.

d'une cascade souterraine d'au moins 40 mètres de profondeur [1]. En présence de ces faits connexes, il faut se demander et rechercher si les rapides et les chutes d'eaux, particulièrement dans des crevasses rocheuses étroites, en créant des appels et des déplacements d'air anormaux, ne font pas réagir ceux-ci sur le mécanisme du baromètre anéroïde; il ne serait certainement pas inutile d'approfondir cette question au moyen de trois instruments : 1° Un anéroïde enregistreur laissé à poste fixe au point de départ de l'étude; 2° Un autre anéroïde enregistreur qu'on promènerait le long du cours d'eau à observer; 3° Un baromètre à mercure qui ferait voir si la colonne mercurielle obéit aux mêmes influences; en sa qualité de météorologiste et d'astronome, notre collaborateur L. Rudaux est tout indiqué pour conduire ces expériences nouvelles.

En 1908 le cañon d'Olhadibie a été compris dans nos recherches, non seulement parce que c'était une véritable inconnue géographique à dégager, mais aussi parce que son investigation devait permettre l'établissement du *profil en long* d'un torrent de montagnes (voir ci-dessus).

La difficulté de l'entreprise me faisait hésiter à la réaliser, mais j'ai cédé aux vives et légitimes instances de Fournier, à qui l'initiative en revient donc tout entière et auquel j'en ai confié toute la direction. C'est pourquoi je lui laisse la parole, reproduisant le récit sommaire qu'il en a récemment publié [2] : «Une merveille jusqu'ici inexplorée, laissant bien loin derrière elle tout ce qu'on avait signalé d'analogue, c'est le cañon d'Olhadibie-Holçarté. A quelques mètres au-dessus du confluent des deux branches, tous les explorateurs avaient été jusqu'ici arrêtés, dans la branche orientale, par une cascade d'une dizaine de mètres qui paraissait à peu près impossible à franchir; on racontait pourtant que des gens du pays avaient réussi à la contourner, en grimpant sur la paroi de gauche et de là s'étaient avancés assez loin dans le cañon, où ils étaient allés rechercher le cadavre d'un berger qui s'était tué en tombant du haut des rochers. Mais ce fait est contesté.

«Un câble avait été aussi établi naguère au-dessus de la partie inférieure du grand cañon pour assurer le transport des bois de la forêt d'Holçarté [3] et l'un des constructeurs du câble était descendu dans le thalweg à l'aide de cordes, mais il ne s'était pas avancé bien loin en amont. On peut donc dire que, sauf une centaine de mètres, toute la branche orientale qui, comme nous allons le voir, a près de *3 kilomètres* de développement, était *totalement inexplorée* et considérée par les gens du pays, qui en avaient une véritable terreur superstitieuse, comme absolument inexplorable.

«Afin d'éviter les confusions, nous proposons d'adopter, pour la branche orientale, le nom de cañon d'Olhadibie, du nom du Cayolar [4] situé près du pont qui franchit cette branche.

«Le pont d'Olhadibie étant à environ 835 mètres, et la bifurcation des deux branches à 422 mètres, nous avions une dénivellation de 413 mètres à racheter sur un

---

[1] Voir *Ciel et Terre* (Bruxelles), n° du 16 septembre 1904 et ma *Spéléologie au xxᵉ siècle*, p. 378.

[2] Dans *La Nature* du 23 janvier 1909 (n° 1861), avant la remise du présent rapport, mais avec l'assentiment préalable de M. le Ministre de l'Agriculture, pour des raisons spéciales qui nécessitaient une *prise de dates.*

[3] Nous avons retrouvé dans le fond du ravin des débris de poulie et de crics appartenant à ce câble.

[4] C'est sous ce nom que l'on désigne dans le pays basque les petites bergeries de montagne, qui comportent simplement une cabane de 2 mètres à 2 m. 50 de haut, en pierres sèches, et un enclos entouré de fascines pour parquer les moutons.

parcours d'au plus 3 kilomètres, soit une pente moyenne de 13,76 p. 100. Les cañons présentant presque toujours une pente assez faible dans leur tronçon inférieur, il y avait tout lieu de prévoir l'existence d'une pente extrêmement rapide et, par conséquent, coupée de nombreuses et importantes cascades dans le tronçon supérieur. Or, dès qu'une cascade dépasse une quinzaine de mètres, il est en général très difficile, souvent même impossible, de la franchir de bas en haut, les plus grandes échelles extensibles maniables ne dépassant pas cette longueur; au contraire, la descente d'escarpements de 50 et même 100 mètres s'effectue avec une relative facilité à l'aide des échelles de cordes et des cordes employées dans la descente des gouffres. Cette considération nous amena donc à tenter d'abord l'exploration de haut en bas.

«Le 16 août, nous quittions Licq-Atherey dans l'après-midi, en compagnie de M. le Couppey de la Forest, ingénieur des améliorations agricoles, et du Dr Maréchal, accompagnés de deux porteurs et des muletiers de notre convoi, et nous établissions notre campement à l'entrée d'amont du cañon, près du pont et du Cayolar d'Olhadibie, à 838 mètres d'altitude. Le 17, de grand matin, nous commencions la descente : le torrent forme d'abord de petites cascatelles et des rapides, puis à 200 mètres environ du campement, se précipite dans le cañon, par une cascade de 15 mètres. A 200 mètres environ de cette cascade, une cheminée latérale nous permet de descendre dans le thalweg à l'aide de cordes (descente d'une cinquantaine de mètres). Nous remontons alors dans le cañon, pour explorer la partie comprise entre la cascade de 15 mètres et le pied de la descente; le lit est encombré de gros troncs d'arbres et de blocs rocheux entraînés par les grandes eaux; néanmoins, le parcours ne présente pas de difficultés bien sérieuses. Nous redescendons ensuite vers l'aval et, à 730 mètres d'altitude, nous voyons le torrent se précipiter avec fracas dans un à-pic d'une quarantaine de mètres, où il forme une superbe cascade : le thalweg devient étroit et il est impossible d'y fixer les échelles pour effectuer la descente. Nous montons alors sur la rive droite où nous ne tardons pas à découvrir une fissure latérale, sorte de couloir presque vertical accolé contre la paroi du cañon. Quelques arbres permettent de fixer les échelles et, par une descente de 90 mètres verticale, nous arrivons au pied de la cascade : le spectacle est grandiose, l'eau s'abat avec un fracas étourdissant sur les rochers et, en aval, le cañon s'enserre entre des parois rocheuses verticales de plus de 150 mètres, près du point où sont fixées les échelles; sur une corniche, on aperçoit un nid d'aigle. A 200 mètres plus bas, le thalweg est de nouveau coupé par une cascade d'une cinquantaine de mètres et reçoit sur la rive gauche un affluent torrentiel; ici l'eau s'écoule avec rapidité entre les parois rocheuses; pas un arbre, pas un rocher en saillie pour fixer les échelles, le passage libre suffit juste à l'écoulement de l'eau, nous sommes donc obligés de battre en retraite, pour aller chercher plus en aval une nouvelle cheminée qui pourrait permettre d'accéder au thalweg et de rebrousser jusqu'au pied de la cascade infranchissable. Nous remontons à grand'peine le matériel, surplombant sans cesse des escarpements vertigineux.

«Nous déjeunons sur la rive droite du cañon, à 773 mètres; après déjeuner, un couloir assez tentant nous convie à essayer une descente; nous arrivons à 752 mètres au bord d'un surplomb d'où nous apercevons le thalweg, à 140 mètres environ en contre-bas. En faisant le total des escarpements visibles, nous avons estimé que ce point se trouvait à environ 610 mètres d'altitude; or il est fortement en amont de la verticale du point où nous nous trouvons; par suite, l'à-pic que nous avons sous les pieds a certainement plus de 150 mètres en surplomb, et il est impossible, avec le matériel et le personnel dont nous disposons, de tenter la descente.

«Près de Latcharekka (818 mètres) et près de Fuentarabia (782 mètres), deux nouvelles tentatives nous amènent sur le bord d'escarpements d'environ 250 mètres! Nous nous voyons donc forcés de regagner Licq-Athérey par les corniches qui bordent la rive droite, et d'où la vue plonge à chaque instant sur les vertigineuses et mystérieuses profondeurs du cañon. Tous nos efforts pendant ces deux journées n'avaient donc abouti qu'à la reconnaissance du thalweg sur environ 700 mètres, avec une dénivellation totale de 155 mètres.

«Il ne nous restait donc qu'à reprendre l'exploration par l'aval et à essayer de remonter ainsi jusqu'au pied de la grande cascade qui nous avait arrêtés.

«C'est ce que nous entreprîmes le 19 août, en compagnie de MM. Le Couppey de la Forest, Rudaux, Dr Maréchal, Dr E. Reymond, sénateur de la Loire, et son frère H. Reymond, enseigne de vaisseau. La partie inférieure (Holçarté), maintenant bien connue du cañon, jusqu'à la bifurcation, ne présenta pas de difficultés sérieuses; quelques gros blocs de 7 à 8 mètres de haut et quelques profondes flaques d'eau sont franchis sans peine à l'aide des échelles extensibles et nous arrivons à la cascade qui avait jusqu'ici arrêté toutes les explorations.

«Essayer de la franchir directement serait bien aléatoire : nous préférons appuyer l'échelle extensible sur la rive droite du cañon et, nous cramponnant à des arbres qui ont poussé sur la corniche, nous arrivons à passer : nous fixons une échelle de corde à un arbre qui surplombe un petit à-pic d'une dizaine de mètres et nous voilà dans le thalweg en amont de la cascade [1].

«Le pied de la cascade étant vers 422 mètres d'altitude, il nous reste 208 mètres de verticale à franchir pour atteindre le bas de la chute qui nous avait arrêtés dans notre première exploration d'amont.

«Le cañon devient de plus en plus grandiose : de gigantesques parois rocheuses s'élèvent à pic au-dessus de nos têtes; à notre gauche, un vaste abri s'ouvre dans la muraille.

«Nous traversons plusieurs petits biefs avec de l'eau parfois bien au-dessus de la ceinture, et le cañon se resserre et s'approfondit toujours, devenant de plus en plus impressionnant, de plus en plus fantastique. Nous nous arrêtons pour déjeuner vers 476 mètres; sur la rive droite, une source à 12 degrés sort d'une étroite fissure; les parois du cañon atteignent là plus de 200 mètres de verticale absolue.

«Nous repartons, le thalweg devient si étroit qu'il suffit tout juste à l'écoulement

---

[1] Il fallut passer devant les aides, pour les contraindre à escalader la cascade : les Basques sont demeurés très superstitieux; ils croient encore au surnaturel, aux génies, gnomes, ondines, sorciers, jeteurs de sorts, revenants, etc.; au Bassa-Jauna ou Croquemitaine géant et féroce des forêts et des cavernes (Voir JOUVE, *op. cit.*, 31e lecture), et la légende de terreur, qui pesait sur Olhadibie, faillit ici mettre en échec leur bravoure, cependant si éprouvée! Ceux qui nous assistaient n'avaient pas eu peur des noirs abîmes d'Arlas, il fallut leur donner l'exemple pour les entraîner dans la terrible gorge! Et cependant, parmi leurs proverbes on relève ceux-ci : «La meilleure réponse est de faire la chose commandée». — «Sois le premier à exécuter, le dernier à parler». — «Endure et patiente afin de vaincre». — «Ne laisse pas faire à d'autres le travail que tu peux faire». Mais aussi : «Travail qu'on fait par force est toujours mal fait». — «Prenez les bains en nombre impair, sinon ils sont dangereux». (Je ne sais s'ils ont numéroté ceux d'Holçarté-Olhadibie!!) — «Cela est bien dit, mais amène-moi quelqu'un qui le fasse». — «La peur est un coursier agile». — «L'étranger a la main rude». (JOUVE, *op. cit.*).

de l'eau; puis voici un bief resserré où les deux parois du cañon, éloignées seulement de 3 mètres, plongent dans une eau profonde; il faut se servir du bateau démontable pour débarquer de nouveau à 30 mètres de là dans le thalweg; quelques rapides à traverser et nous voici de nouveau en présence d'un petit lac, au bout duquel une cascade empêche d'atterrir. Après une manœuvre compliquée de l'échelle, lac et cascade sont franchis; nous sommes de nouveau arrêtés par un lac avec cascade, et la manœuvre recommence. Nous abordons alors dans un couloir, dont les parois ont plus de 300 mètres et se rapprochent encore, à tel point que vers le sommet elles se touchent presque; un gros bloc de quelques mètres cubes est resté pincé entre elles; la paroi de gauche surplombe; un jour verdâtre glisse sur les parois humides et glauques; le spectacle devient à la fois terrifiant et sublime; on ne sait plus si l'on est dans une rivière souterraine ou dans un cañon; l'obscurité est presque complète, l'impression est absolument indescriptible. Bien qu'ayant déjà visité en France et à l'étranger un nombre considérable de cañons, de rivières souterraines, de grottes et de gouffres, je n'hésite pas à déclarer que *nulle part* je n'ai rien vu *d'approchant,* et que l'imagination la plus féconde ne pourrait rien rêver de plus fantastique, de plus sinistre et de plus captivant en même temps! Quelques-uns de nos porteurs, déjà fortement impressionnés par ce qu'ils venaient de voir, refusent net d'avancer plus loin et restent prudemment à 200 ou 300 mètres en arrière de nous.

«Nous sommes à 504 mètres d'altitude, il est déjà près de 5 heures du soir, et il faut hélas! songer au retour, car nous n'avons pu transporter avec nous de matériel de campement; nos provisions sont presque épuisées, les cascades et le torrent nous ont trempés jusqu'aux os; il faut donc tâcher de revenir à la bifurcation avant la nuit. Nous avons exploré environ 800 à 1,000 mètres depuis la bifurcation (en réalité 1,500 mètres) ce qui, avec la partie explorée en amont, donne 1,600 mètres environ; il reste encore quelque 1,200 mètres inconnus (en réalité 600 mètres); pour faire l'exploration complète, il faudra passer au moins deux jours dans le cañon et y établir un campement. Le retour s'effectue au milieu de mille péripéties, car la nuit nous surprend à la bifurcation, et ce n'est que vers 10 heures du soir que nous rentrons à Licq-Atherey, trempés, les vêtements en lambeaux, mais stupéfaits de notre exploration et remportant le ferme désir de la terminer dans une prochaine campagne.»

Dès maintenant, Arnaud Bouchet, qui nous a rendu tant de services dans nos randonnées autour de Licq, s'est rendu concessionnaire des gorges de Cacouette et Holçarté-Olhadibie; il compte les aménager pour la visite des touristes, qui y trouveront une des plus grandioses beautés de la France, bien située, à deux heures de Salies-de-Béarn, au cœur de l'admirable et séduisant pays basque.

Dans l'intérêt public de la contrée, il importe donc d'achever l'exploration d'Olhadibie, si elle est possible; le long des 600 mètres restés mystérieux se déroulent encore certainement d'autres scènes indescriptibles. De plus, avant tout travail d'aménagement, il faut connaître le régime du torrent et achever tout d'abord son profil en long. Il y aura lieu enfin d'examiner si, comme au Verdon, une partie du torrent ne pourrait pas être dérivée, du pont d'Olhadibie (Ladebré de l'édition au 50,000ᵉ), 835 mètres, le long de la courbe de niveau de 800 mètres (au-dessus des escarpements) jusqu'au-dessus du confluent d'Holçarté et d'Arducolchi. La croupe du bois d'Unhurritcé, descendant de la cote 994, paraît, *a priori*, devoir permettre ici l'aménagement d'une chute de 400 mètres avec un canal de 3 kilomètres environ; mais il faudrait connaître le débit, au pont, du torrent dont le bassin de réception n'est guère, en ce point, que de 800 hectares au plus.

Enfin, il faut s'assurer si, dans les 600 mètres ignorés[1], il n'existe pas, comme à Illamina, quelque source d'eau potable bonne à capter.

5. FORÊT DES ARBAILLES ET SOURCES DE LA BIDOUZE.

Au sud-ouest de Mauléon, le massif de calcaire crétacé de la forêt des Arbailles (ou de la Tigra) entre Aussurucq et Mendive est un véritable château d'eau, tout percé de gouffres (nommés lesias) et de points d'absorption analogues aux pots du Vercors, et tout sillonné de vallées desséchées. Son point culminant (1,282 mètres) est à peu près

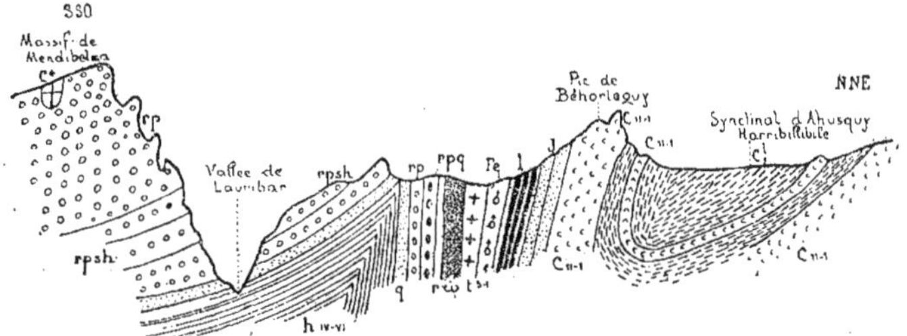

Fig. 77.

au milieu, au nord-est de la source curative d'Ahusquy (8 degrés le 13 octobre 1902), très fréquentée par les Basques, pendant la belle saison[2]. Les premières recherches,

[1] En 1909, nous avons refait l'exploration sans pouvoir pousser plus loin que 40 mètres au delà du point atteint en 1908; mais le plan que j'ai dressé a établi que le terminus ainsi atteint se trouvait non pas à 800 ou 1,000 mètres, mais à 1,500 mètres de la bifurcation d'Holçarté et qu'il ne reste que 600 mètres d'inconnus. On a donc exploré environ 3,800 mètres en ajoutant la partie du cañon en aval de la bifurcation, et la longueur est de 4,400 mètres environ pour le tout, en comptant la partie encore inexplorée.

V. le rapport des recherches de 1909, auquel nous renvoyons les plans, profils et vues d'Holçarté-Olhadibie.

[2] Fontaine d'Ahusquy, d'après MM. Dufau et Paul Veisse :

Températures				
19 août 1905	matin	9°,6	}	Beau.
	soir	9°,6	}	
20 août	matin	9°,6		Beau.
	soir	9°,4		Brouillard.
	(Extérieur : 14°,9.)			
21 août	matin	9°,5		Brouillard.
	(Extérieur : 18°,2.)			
	soir	9°,8		Brouillard très dense.
	(Extérieur : 16°,5.)			

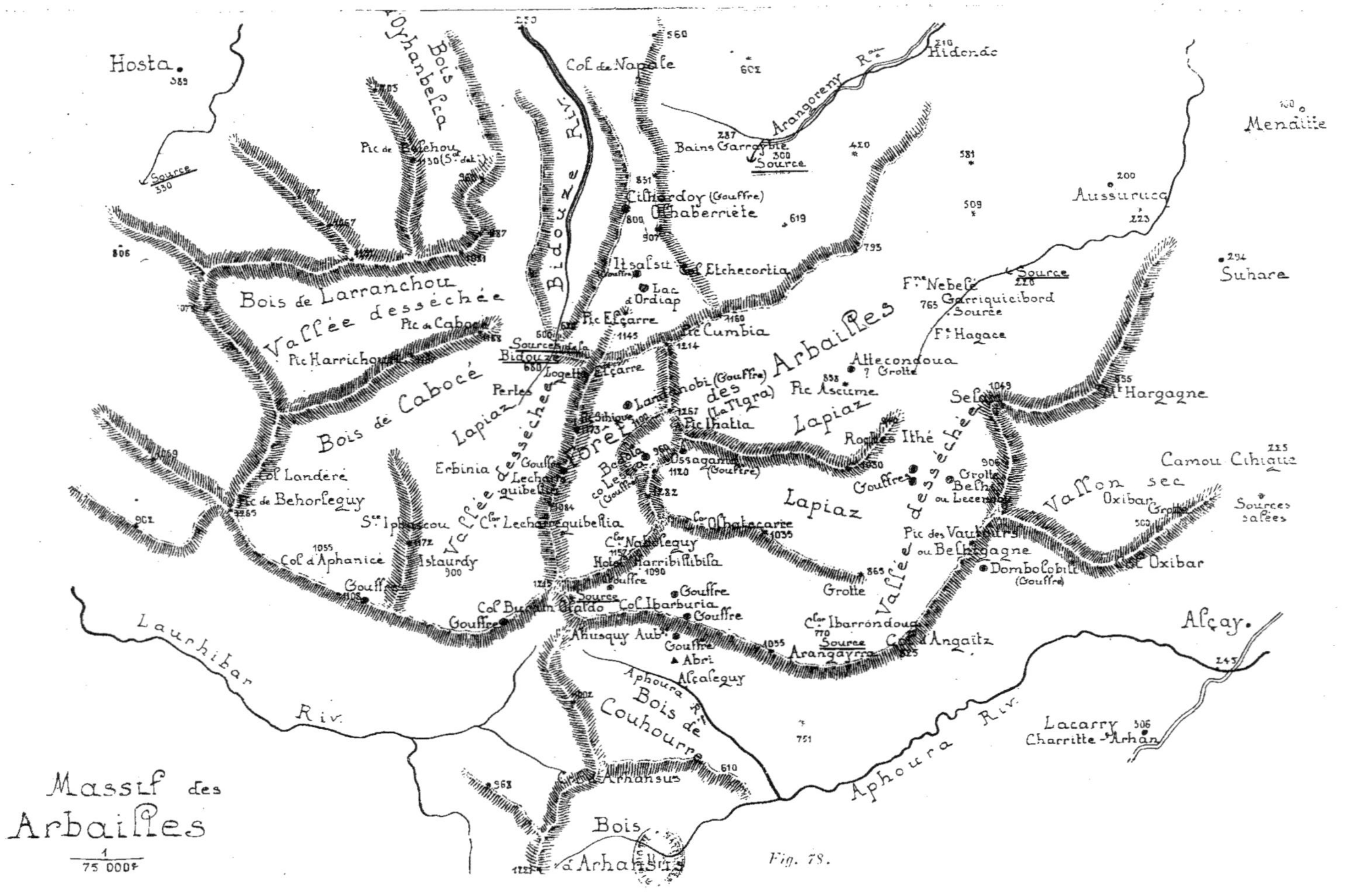

Hosta.
389
Bois d'Oyhanbelça
Pic de Behoou
830 (5e dal.)
Source
550
Col de Napale
560
Arangoreny Re
210
Hidondc
601
Mendiie
Bains Garraybte
287
300
Source
410
581
200
Aussuruca
123
831
Cihardoy (Gouffre)
Chaberriete
800
907
619
509
794
294
Suhare
Itsalsu
Col Etchecortia
F'e Nebe
Source
218
765 Garriquicibord
Source
F'e Hagace
Bois de Larranchou
Vallée desséchée
Pic de Cabocé
Pic Harrichou
Lac d'Ordiap
Pic Efçarre
Pic Cumbia
1160
1145
1214
Arbailles
Altecondoua
? Grotte
Source
Bidouze
660
Logette Efçarre
Landanobi (Gouffre)
(La Tigra)
838
des
Pic Ascume
Sela
1049
Hargagne
855
Perles
Lapiaz
Vallée desséchée
Bithique
873
1157
Pic Ihatia
Lapiaz
Roques Ithé
Bois de Cabocé
Forêt
Beato
960
Ussagana
(Gouffre)
830
906
Camou Cihigue
215
Col Landeré
1059
Erbinia
Lechou
quibel
Col Lechou
(Gouffre)
1120
Grotte
Belh
ou Lecenobi
Gouffre
Vallon sec
Oxibar
Pic de Behorleguy
1265
Lapiaz
Oxibar
503
Grotte
Sources salées
S'e Iphasçou
1059
Istaurdy
900
172
1055
1084
Col Lecharequibelia
Col Nablleguy
1157
Col Chatacarre
1035
Pic des Vautours
ou Belhigagne
Grotte
865
Vallée desséchée
Oxibar
Col d'Aphanice
Gouff
1105
Hotel Harribilibila
1090
1245
Gouffre
Grotte
Dombolobit
(Gouffre)
Source
Col Buenin Galdo
Gouffre
Gouffre
Col Ibarburia
Gouffre
Alçay.
Laurhibar
Riv.
Ahusquy Aub'
Gouffre
Abri
Alcaleguy
770
Source
Col Ibarróndoua
Arangayrra
125
Col d'Angaitz
145
Aphoura R'
Bois de Couhourne
751
Lacarry
306
Charritte-Arhan
963
Arhansus
610
Aphoura Riv.
Massif des
Arbailles
1
75 000e
Bois
d'Arhansus
1225
Fig. 78.

effectuées de 1901 à 1905, par MM. Dufau, Bourgeade, Veïsse et par moi-même (avec eux et MM. Décombaz et Campan) en 1902, avaient fait croire à l'existence d'une ceinture de résurgences disposées au pourtour du massif et restituant les infiltrations englouties entre 400 et 1,200 mètres.

En réalité, le revers sud déverse plutôt des ruissellements directs dans les deux rivières d'Aphoura (Alçay) au sud-est et de Laurhibar au sud-ouest. Et il n'y a que quatre résurgences proprement dites, ou abondantes sorties d'eau hors du calcaire, sur le versant nord : celle d'*Aussurucq* au nord-est, vers 220 mètres d'altitude, un peu en amont de la cote 215 ; celle d'Arrangorena, à Garraybie, vers 300 mètres ; celle de la Bidouze (600 et 620 mètres) au nord, au fond d'une grande cassure, qui a entaillé le massif comme un coup de hache et où s'est établi le haut thalweg de la Bidouze ; enfin celle de Hosta, au nord-ouest, vers 330 mètres. On remarquera, dès maintenant, combien cette différence de 400 mètres d'altitude entre les deux résurgences d'Aussurucq et de la Bidouze, écartées seulement de 5 kilomètres et demi, exclut l'idée d'un niveau d'eau général et unique sous la forêt des Arbailles.

Sur le flanc oriental se trouve la source du ruisseau salé de Camou-Cihigue. «A proximité du village de Camou, au fond d'une prairie, au pied d'un petit à-pic calcaire, par trois ouvertures impénétrables, voisines l'une de l'autre, s'échappe le ruisseau de Camou. La principale de ces sources sort d'une rotonde à ciel ouvert. C'est peut-être un effondement de grotte.

«Le ruisseau de Camou est très nettement *salé*. Les bestiaux, paraît-il, aiment beaucoup son eau, non encore analysée.

«Température des trois sources au 27 décembre 1902 : + 13° (je ne suis pas très sûr de cette température)». (C. Dufau.)

La grotte d'*Oxibar* ou de *Camou* (Jeannel, Jammes, Rudaux, Troller [16 août 1908]), à 600 mètres d'altitude (?), est une ancienne résurgence du massif des Arbailles. Elle est complètement tarie. Sa longueur totale est de 150 mètres. Ses flaques d'eau de suintement ont 10 degrés à l'entrée, 10° 4 au fond ; cela nous renseigne sur la température moyenne de la région. Le 27 décembre 1902, M. Dufau y aurait trouvé une source à 8 degrés et au fond 14 degrés pour l'air. Elle renferme des ossements d'*Ursus spelœus* et une petite faune cavernicole actuelle. Le gouffre que M. Dufau avait cru reconnaître (27 décembre 1902) au fond n'a que 1 m. 50 de creux à peine, c'est peut-être le débouché (obstrué) du siphonnement qui amenait les eaux. Jeannel y a trouvé une intéressante faune cavernicole.

La vallée de Camou, au col d'Oxibar, est desséchée ; au delà du col, au pied sud du Pic des Vautours il y aurait un gouffre, *Domdolobili*, à 500 mètres nord-ouest de la maison Belly. Les grottes de Compagnaga-Lecué (600 mètres) et d'Appholoboro (750 mètres), dans les mêmes parages, ont été visitées par Jeannel en janvier 1907 ; la première, en grande partie effondrée, se termine par un petit lac, qui doit alimenter une source pérenne du voisinage[1].

En montant d'Alçay (245 mètres à l'orme du moulin) à Harribillibile, on passe au col d'Angaitz, sans nom sur la carte au 80.000ᵉ qui le cote, par erreur, 875 mètres, au lieu de 825 mètres, altitude que nous constatons et qui est conforme aux courbes

---

[1] R. Jeannel, *Archives de zoologie expérimentale*, 4ᵉ s., t. VIII, n° 6 (Biospeologica, vi), p. 388 ; avril 1908 ; Paris, Schleicher.

du plan au 10.000ᵉ de la forêt syndicale du pays de Soule (communiqué par M. de la
Hammelinaye). Redescendant de 55 mètres au plan d'Harrondoa, on passe devant l'emplacement de la source Arangayrra (Gactena du 100.000ᵉ) *qui est tarie*, quoique marquée
sur la carte au 80.000ᵉ; on rejoint (à 770 mètres) le chemin qui, depuis Aussurucq,
s'est élevé par une vallée desséchée pour aboutir à Ahusquy (966 mètres, col Har-
buria) et à Harribillibile (1,090 mètres, Ahusquy supérieur).

En 1902, nous avions (le 13 octobre) exploré le plus célèbre gouffre de la contrée,
Bedola-Co-Lesia, faussement appelé Trou du Cheval-Blanc, et ouvert à 960 mètres
d'altitude aux pieds du Pic Sihigue (1,173 mètres) et du sommet 1,282 mètres.
À 1,200 mètres nord-nord-est d'Harribillibile, ce gouffre est très curieusement situé
sur la déclivité d'un immense entonnoir d'absorption des eaux, et à 35 mètres au-dessus
du fond (925 mètres) bouché de cet entonnoir. L'abîme, profond de 65 mètres, est un

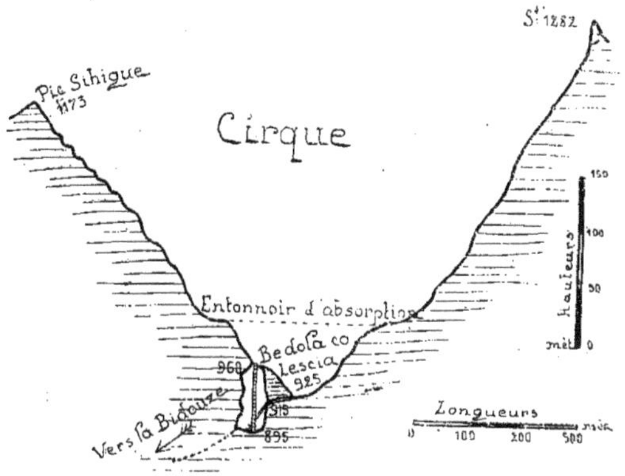

Fig. 79.

effondrement inachevé, une cloche, dont l'action des infiltrations souterraines continue
actuellement l'agrandissement; à l'intérieur, en effet, une petite cascatelle (à 915 mètres) provient des ruissellements extérieurs du grand entonnoir; elle doit être fort
abondante à la fonte des neiges et après les grandes pluies, qui provoqueront quelque
jour un effondrement plus complet. La base du gouffre, en effet (obstruée par toutes
sortes de matériaux éboulés), est une salle de 45 mètres sur 20 de diamètre, tandis
que l'orifice n'a que 2 mètres sur 1 m. 50, et forme déjà, par en dessous, une mince
voûte d'aspect peu solide. Toute cette disposition hydrologique est assez spéciale.
À vol d'oiseau, la source Est de la Bidouze (voir ci-dessus) n'est qu'à 1,900 mètres au
nord-nord-ouest et 275 mètres plus bas que le fond du gouffre. La communication est
très probable mais impraticable à l'homme. Notre excursion de 1902 avait traversé
toute la partie centrale, le cœur même de la forêt, depuis Bedola-Co-Lesia jusqu'à la
fontaine Hagacé, par des surfaces lapiazées et des ravins secs des plus accidentés, dépourvus de chemins et où les mulets de charge avaient subi plus d'une chute.

Nous y sondâmes plusieurs gouffres marqués sur la carte ci-contre, que nous croyions
utiles à visiter en 1908. On va voir pourquoi nous y avons renoncé :

Lecharreguibelia, 3 mètres de diamètre, 10 de profondeur?

Fig. 80. — Sortie principale de la Bidouze (Ouest).
(Dessin de L. Rudaux, d'après nature).

H. Demoulin Sc.

Ossagania, vaste cuvette d'absorption avec abîme obstrué par des arbres et végétaux morts. Vers 1,120 à 1,130 mètres d'altitude.

Laudanobi-Co-Lecia, vers 1,090 à 1,100 mètres; superbe orifice de 20 mètres sur 10 mètres; ma sonde y est descendue à 60 mètres (14 octobre 1902) sur un terre-plein visible du bord; mais elle n'a pu s'engager dans une fissure qui continue, et qui paraît fort étroite pour une descente à l'échelle de cordes. (Pl. XIV, fig. 52, p. 62.)

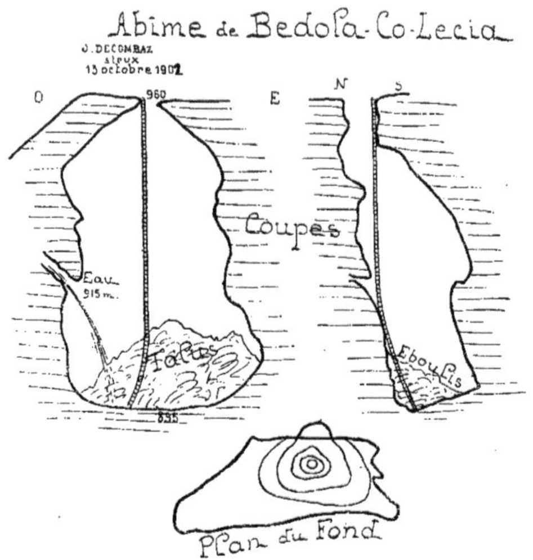

Fig. 81.

Au nord-ouest de la forêt, vers le haut des escarpements de la rive droite de la Bidouze, M. Dufau a reconnu (voir la carte) :

Cilhardoy-Co-Lecia (environ 800 mètres). C'est un trou rond, protégé par d'épais arbustes (diamètre, 3 mètres). On aperçoit à pic un premier redan, puis le puits s'infléchit dans la direction de la Bidouze. Une grosse pierre s'est entendue 7 secondes, chocs compris.

Lac d'Ordiap. — Au fond d'une immense cuvette de montagnes nues, pâturages sauvages et semés de pierres. Le lac est rond ou à peu près. Mesuré au pas, 24 mètres sur 23.

Il ne possède pas d'écoulement apparent. L'hiver, son niveau monte. L'été, il n'est jamais à sec et baisse seulement de 2 ou 3 mètres. La cuvette qui le contient mesure 60 sur 80 mètres. L'eau en est trouble. Aucun ruisseau ne l'alimente, l'été du moins.

Itsalsu-Co-Lecia. — A 200 mètres au nord-ouest du lac et à une altitude supérieure d'environ 50 mètres au niveau de celui-ci, est le trou d'*Itsalsu*, dans un pâturage. Il regarde l'Est de son ouverture oblongue (3 × 5 mètres). Un à-pic d'environ 3 mètres fait voir un dévalement en pente assez douce s'infléchissant vers la Bidouze.

Sur les deux flancs de la crête d'Alçaleguy, entre le col Barburia (966 mètres) et la cote 1,035 mètres, nous avons visité cinq des trous qui font de toutes ces montagnes une véritable écumoire :

1° *Gouffre d'Alçaleguy* (alt. : 960 mètres). — Profondeur totale, 18 mètres; vaste salle obstruée par la chute d'une partie de la voûte et prolongée par trois petites galeries obstruées; il fut peut-être jadis en relations avec un abri sous roche ouvert un

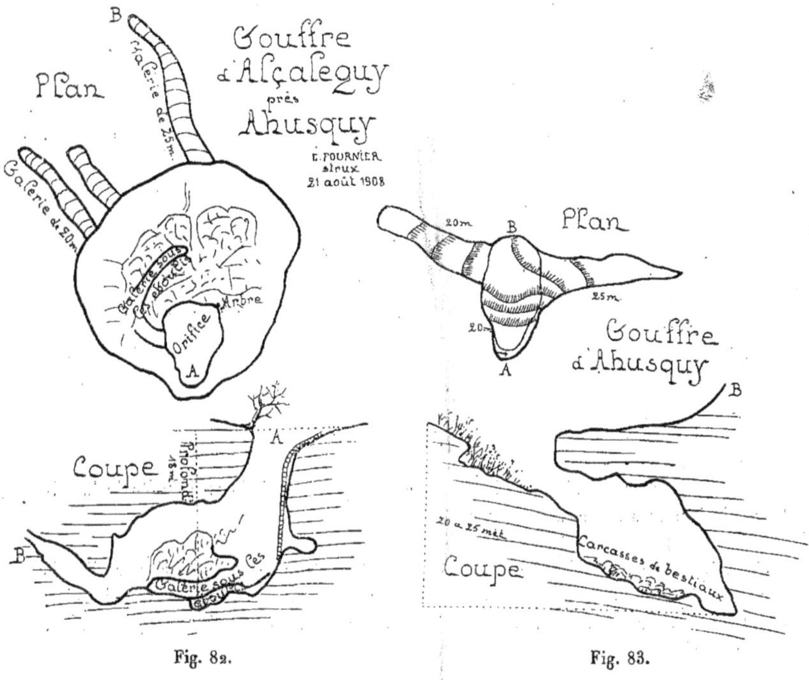

Fig. 82.   Fig. 83.

peu plus bas (largeur, 10 mètres; profondeur, 15 mètres; bouchon d'éboulis; refuge pour les moutons : d'après R. Jeannel);

2° Au col voisin, à l'est, trou de 12 mètres, bouché;

3° Un peu plus haut, trou bouché à 12 mètres;

4° Sur le revers nord, trou bouché à 6 mètres;

5° Dans le thalweg même, gouffre d'Ahusquy, au bord du sentier qui remonte au col de Barburia; profond de 20 à 25 mètres, *avec des carcasses de bestiaux.*

Les figures ci-jointes suffisent à montrer l'échec complet de nos descentes en ces parages.

H. Demoudin Sc.

Fig. 84. — Sortie principale de la Bidouze (Ouest).
(Dessin de L. Rudaux, d'après nature).

Près d'Harribillibile même, au bord du sentier qui mène à la source, un petit gouffre de 1 mètre de diamètre est bouché aussi.

Avant d'entreprendre d'autres descentes lointaines, compliquées et coûteuses dans ces parages accidentés et à peu près dépourvus de sentiers, nous avons cherché à résoudre l'énigme des sources de la Bidouze et, cette fois, avec plein succès.

Il y a deux sources, distantes l'une de l'autre de quelques décamètres, et reconnues le 16 avril 1903, par MM. Dufau, Bourgeade, Veïsse : celle de l'Ouest (alt. : 600 mè-

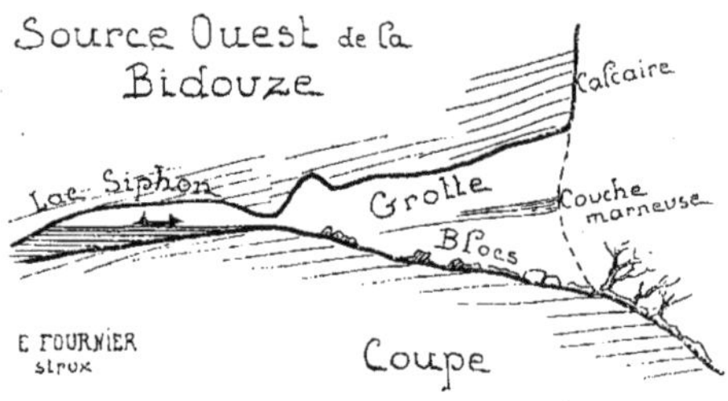

Fig. 85.

tres) sort d'une grandiose caverne (largeur, 30 mètres; hauteur, 20 mètres) qu'on peut suivre sur 45 mètres en sautant de bloc en bloc par-dessus les bras de la rivière.

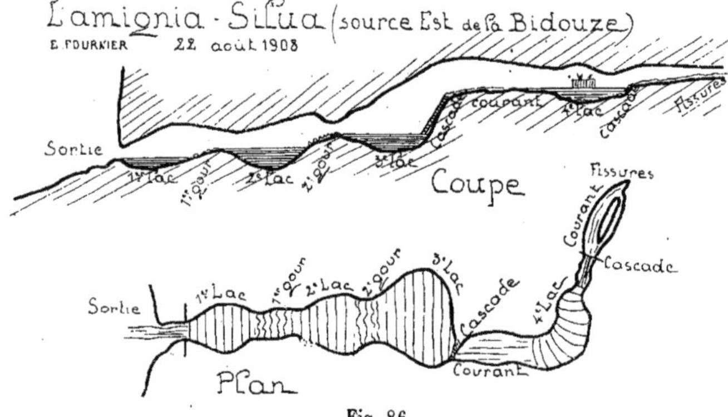

Fig. 86.

Puis il faut une barque qui s'engage dans un couloir (1 mètres de haut sur 1 m. 50 de largeur) rapidement rétréci et terminé au bout de 25 mètres par un siphonement complet. De là, la vue vers l'orifice encadré d'arbres et tout baigné de lumière verte est surprenante. L'inclinaison des couches de calcaire, qui pendent de 10 degrés vers l'Ouest, explique comment l'eau doit venir de plus bas, par la branche remontante du siphon, où la température de l'eau est de 9°,8 (à 9°,2 le 16 avril 1903). La direction de la caverne est de l'Est à l'Ouest. Une assise marneuse visible à la sortie est évidemment celle qui retient et fait remonter les eaux souterraines, infiltrées dans les écumoires des Bois de Caboce, Pic de Behorleguy (1,265 mètres), col d'Aphanicé (1,055 mètres), etc., criblés d'abîmes, paraît-il. (Fig. 80, Pl. XXII et fig. 84, Pl. XXIII.)

L'eau est très trouble le 22 août, à cause d'un gros orage la veille. On ne peut pas la prendre pour l'alimentation.

La source de l'Est est de beaucoup la plus intéressante, quant à l'intérieur. Elle s'ouvre 20 *mètres plus haut* (620 mètres) et son orifice est très bas (1 mètre); cependant grâce à sa largeur (6 mètres) il laisse passer nos bateaux de toile, pour aller voir ce qu'est le fort bruit de cascade que l'on entend en dedans. Tout de suite, la voûte se relève, et nous découvrons une belle et vraie rivière souterraine, coupée de *gours* ou de barrages de stalagmite, sur lesquels l'eau rapide fait ce tapage perçu en dehors. Le plan et la coupe ci-contre montrent les trois bassins successifs, la cascade haute d'une dizaine de mètres et la galerie supérieure qui aboutit à d'impénétrables fissures remplies par l'eau (vers 635 mètres). Toute la grotte n'a pas plus de 120 mètres de longueur totale, mais synthétise à merveille les procédés d'écoulement des rivières souterraines; elle ressemble étonnamment à celle du Brudoux dans les plateaux de Vercors (Drôme). [Fig. 44, Pl. XII, p. 52, fig. 87, Pl. XXIV et fig. 88, Pl. XXV.]

La température de l'eau était de 8°,6 le 16 avril 1903, d'après M. Dufau; le 22 août 1908, je l'ai trouvée de 11 degrés (1°,2 de plus qu'à la grotte de l'ouest), il y a donc une plus forte variation saisonnière, due à la température changeante des infiltrations plus rapprochées; le niveau est de 20 à 35 mètres plus élevé; l'arrivée de l'eau est *tombante* au lieu d'ascendante; la direction exactement à l'opposé de l'autre source. L'indépendance des deux émergences est flagrante. Et une fois encore que devient, en présence de ces empiriques et irréfutables constatations, l'abusive théorie des nappes d'eau? Cette seconde source est trouble aussi, donc impropre à l'alimentation. Dans tous les abîmes et entonnoirs des Arbailles, on jette ou il tombe des bêtes mortes!

C'est la grande cassure, où s'est formée la vallée de la Bidouze, qui a recoupé deux veines d'eau, à l'endroit même où leur souterraine confluence avait créé un point faible par agrandissement du vide caverneux. L'érosion régressive de la vallée continue même encore : car, sur le rebord de la falaise de 80 mètres qui domine à pic, en admirable hémicycle, ce site de grandiose beauté, des blocs de calcaire déjà détachés de leurs strates fendillées sont penchés sur le gouffre et tomberont sous le choc de quelque orage. A l'amont, d'ailleurs, les ravines qui descendent des cols de Barburia et d'Aphanicé ne sont que des thalwegs desséchés, où fourmillent les entonnoirs, les crevasses, les abîmes, les formes lapiazées. Jeannel y a étudié la grotte d'*Istaürdy* (alt. : environ 900 mètres) en grande partie effondrée[1]. Au beau milieu du col Burdin-Olaldo, sur le seuil même, s'ouvre au ras du sol, la jolie gueule (1 mètre de diamètre) circulaire d'un gouffre qui paraît bouché. Sur le chemin qui va de ce col à celui d'Aphanicé, M. Dufau a reconnu plusieurs gouffres sans nom, et, au col d'Aphanicé, une fontaine qui se reperd tout de suite dans le sol. Éloquente leçon de choses quant à la dessiccation de la terre par engouffrement des ruissellements.

Même, à 300 mètres à l'amont du bord des falaises de la Bidouze, deux petits ruisseaux temporaires, venant du pic Sihigue, disparaissent sous nos yeux dans deux craquelures du sol. Peut-être étaient-ce ces infiltrations qui réchauffaient, le 22 août, le cours de la Bidouze orientale. Le bassin alimentaire de celle-ci est certainement la

[1] *Archives de zoologie expérimentale*, 4ᵉ s., t. VI, n° 8, p. 533; 15 mai 1907; Paris, Schleicher. Les plans des trois grottes d'Oxibar, Lecenoby, Istaürdy, dressés par Jeannel, ne m'ont pas été fournis par leur auteur.

H. Demoulin Sc.

Fig. 87. — Remontée d'un gour dans la Source est de la Bidouze.
(Dessin de L. Rudaux, d'après nature).

Fig. 88. — Escalade des cascades dans la Bidouze, est
(Dessin de L. Rudaux, d'après nature)

H. Demoulin Sc.

majeure partie de la forêt des Arbailles aux gouffres profonds, pleins de charognes de bêtes mortes et dont, en 1902, j'ai trouvé deux spécimens bouchés (voir ci-dessus).

Aussi, comme nous avions *atteint le fond* des deux *résurgences* de la Bidouze et constaté l'impossibilité de les capter pour l'alimentation publique, fut-il décidé de ne pas insister davantage sur des descentes sportives, qui ne sauraient révéler que des curiosités d'ordre touristique ou paléontologique.

Quant à la résurgence d'Aussurucq (environ 220 mètres), nous l'avons trouvée à la température de 10 degrés le 12 octobre 1902 et de 10°,5 le 24 août 1908 (11°,5 le 16 août 1905 par brouillard, 11°,9 le 21 août 1905 par pluie, d'après MM. Dufau et P. Veïsse). Son bassin d'alimentation est évidemment toute la partie orientale du massif, y compris la grande vallée sèche qui remonte au sud jusqu'au cayolar d'Ibarrondoua (pour tourner ensuite à l'ouest jusqu'au col Ibarburia). Il est impossible de trouver un plus bel exemple d'enfouissement de rivières en terrain calcaire. Depuis le col jusqu'à la source, un thalweg de 10 kilomètres (admirables sites forestiers dans la partie moyenne) se développe avec une régularité accomplie; il semble que le torrent l'ait quitté hier, avalé par les entonnoirs, crevasses, puits comblés même que l'on rencontre presque à chaque pas. Au bout du sentier, en face de Carriquiciborde [1], une toute petite source (475 mètres) est un suintement local à 10 degrés. Elle tarit en temps de sécheresse; il en est de même de Fontaine-Nebelé (Fuentes Argentina) et Fontaine-Hagacé [2] (Fuentes Drina) qu'alimentent temporairement les frondaisons environnantes.

Sur le flanc Est du milieu du ravin, au pied nord du pic Belhigagne ou des Vautours (1,078 mètres), la grotte de Belhy ou de Lecenoby est fort élevée (850 mètres environ). Elle a été décrite par M. Dufau [3]; en dessus, on remarque un vaste entonnoir fermé; un peu plus bas que l'entrée jaillit un filet d'eau; la caverne a deux étages successifs; sa température est de 9 degrés; la longueur totale est d'environ 100 mètres.

Le 20 août 1908 Jeannel, Jammes et Troller ont reconnu dans son voisinage immédiat un petit abîme de 19 mètres de profondeur, — trois toutes petites grottes, — et deux abris sous roche; ils ont trouvé le fond de la grotte principale terminé par une cheminée, base d'un aven qui aurait laissé descendre des carcasses d'animaux *actuels*. Sur un autre point ils rencontrèrent les squelettes de trois bœufs, qui n'avaient pu pénétrer que par l'entrée de la caverne, évidemment pour venir y mourir.

La grotte *Attecondoua*, au sud-ouest de la fontaine Hagacé, vers le point coté 858. est, selon M. Dufau (28 septembre 1903), très difficile, vaste couloir montant, parsemé d'éboulis en véritable chaos.

« L'entrée, à flanc de montagne, est basse (1 × 2 mètres environ). Le couloir (7 mètres de hauteur sur 10 de large) a de nombreuses flaques d'eau; le plafond est d'une régularité parfaite. Vers les éboulis, la largeur devient de 15 mètres. Cette partie de la grotte est excessivement pénible et dangereuse.

« Le sol s'y creuse en gouffre qu'on n'aperçoit que juste à temps pour n'y pas tomber.

---

[1] Orthographe du 80.000°; Carigue Borde sur le 100,000°; Cariquiri-Borde sur le plan forestier au 20.000°.

[2] Température : 10°,2 le 4 novembre 1903 (M. Dufau); 11°,3 le 16 août 1905 au matin (brouillard), d'après MM. Dufau et Paul Veïsse.

[3] *Spelunca*, n° 37, p. 69.

Un gros filet d'eau sort d'un trou rond près de la voûte et s'y précipite en cascade. Il est absolument impossible de s'approcher pour sonder le trou.

« On n'a pas pu jusqu'ici retrouver la sortie de cette eau qui se perd. Elle va sans doute à la résurgence d'Aussurucq.

« La grotte s'achève subitement par un cul-de-sac plongeant, tout encombré de débris de concrétions. On dirait un puits complètement obstrué.

« Longueur totale approximative : 200 mètres.

« Températures des eaux prises le 4 novembre 1903 :

« Flaques de l'entrée de la grotte : + 7° 9.

« Flaques vers le milieu : + 8° 2.

« Suintements du fond : + 10° 6.

« Il serait sans doute intéressant de sonder l'abîme intérieur où l'eau s'engouffre ». (Camille Dufau).

Le temps et l'argent nous ont fait défaut pour y transporter le matériel nécessaire.

Pour les résurgences d'Arrangorena et de Hosta, je me borne à citer M. Dufau :

« Garraïbie, petite station balnéaire, possède quelques filets d'eau légèrement sulfureuse (température au 16 avril 1903 : + 10° 5) et une source ferrugineuse.

« A 100 mètres du premier établissement de bains (Achigar) qui se trouve près du chemin carrossable, grotte à grande ouverture d'où sort le ruisseau l'Arrangorena ; eaux très abondantes au 16 avril 1903, la température était de + 10° 5 tandis qu'un filet d'eau, sortant d'une fissure à 2 mètres à peine de l'ouverture, avait + 11° 5.

« Nous n'avons pas visité cette grotte. Elle aurait, paraît-il, une quinzaine de mètres de profondeur et le ruisseau sourdrait par d'impénétrables fissures.

« Lorsque les pluies sont fortes, on dit que le filet d'eau, déjà important, occupe toute l'entrée de la grotte et charrie de la terre.

« Il est à remarquer que sur la carte l'Arrangorena prend sa source en haut du col de Napale. Mais le ravin qui part de ce col est, comme celui d'Aussurucq à Ahusquy, sans eau. » (*Spelunca* n° 37, p. 74).

« La rivière de Hosta est un affluent de la Bidouze. Elle la rejoint près de Saint-Just. On la fait sortir d'une grotte. Mais aucun renseignement précis là-dessus jusqu'à ce jour.

« Un abîme se trouverait aussi sur les bords de cette rivière, le précipice d'Alguy, près du moulin Saint-Jayme (?). » *Ibid.*, p. 77.

Il serait bon de faire l'examen de ces deux résurgences et de revoir la cascade d'Attecondoua. Mais je n'oserai jamais conseiller l'utilisation alimentaire des eaux souterraines du massif des Arbailles. Trop de causes de pollution les compromettent.

Ce qu'il faut surtout, c'est respecter scrupuleusement cette forêt et toute la végétation du massif ; si on le déboise, les mailles ouvertes du tamis se multiplieront ; rien ne régularisera plus la propagation du liquide à travers les conduites du château d'eau naturel, et les quatre résurgences connues acquièreront un régime encore plus capricieux que maintenant.

Elles passeront sans transition de l'inactivité à peu près complète, désastreuse pour les irrigations d'aval, à la pléthore inondante qui ravagera tout.

Comme utilisation pratique, on doit songer à la capture industrielle de la Bidouze. Réunies un peu au-dessous de 600 mètres, les deux sources pourront être, sans grands frais, conduites au flanc du bois d'Oyhanbelça, au bout duquel, en amont de Saint-Just-Barre, une chute de près de 400 mètres semble facile à disposer.

Par sa configuration naturelle, la Bidouze-Est se prêterait particulièrement à un essai de *serrement*, comme celui que j'ai préconisé pour Fontaine-l'Évêque : la galerie reconnue s'enfonce bien normalement dans la masse calcaire, qui est relativement peu fissurée ; il n'y a pas de fuites latérales en dehors ; l'orifice serait très facile à boucher solidement, et, en cas d'insuccès, de rupture brusque, aucun dégât ne serait à redouter dans la vallée d'aval, inculte et inhabitée sur plusieurs kilomètres. Je ne connais pas d'endroit plus propice à une décisive expérience de serrement de résurgence en terrain calcaire.

Mais là encore, pour régulariser le débit, il faut précieusement conserver les bois de Cabocé et des Arbailles et même replanter les plateaux de Béhorleguy à Ibarburia.

Tout concourt donc à réitérer la conclusion dominante du labeur dont je viens de rendre compte, et cela sous la forme d'une invocation souveraine et menaçante, impérieuse et désespérée à la fois, comme une clameur de tragédie.

Sauver et accroître toutes les forêts de France.

Car mes prévisions sur la fissuration du sous-sol pyrénéen se trouvent formidablement dépassées, dès la première consultation méthodique dont il est l'objet ; déjà on avait formellement établi que Normandie, Champagne, Lorraine, Bourgogne, Jura, Savoie, Dauphiné, Provence, Languedoc, Rouergue, Périgord, Angoumois, Poitou sont vouées aux terreurs de la disparition ou de la contamination des sources, de par les crevassements de leurs sols absorbants.

De Perpignan à Bayonne aussi, toute la bande calcaire, allongée sur les pentes nord des Pyrénées, se révèle intensivement victime des mêmes menaces. Pour en conjurer les effets, il ne faut épargner ni peines, ni dépenses.

Contre la dessiccation et la pollution toujours grandissantes, il faut universellement appliquer toutes les énergies et toutes les ressources disponibles pour la sauvegarde et la récupération, déjà bien tardives, de cette fuyante sève de toute vie terrestre, *l'eau.*

E.-A. Martel.

1ᵉʳ mars 1909.

TABLE DES MATIÈRES.

www.ingramcontent.com/pod-product-compliance
Ingram Content Group UK Ltd.
Pitfield, Milton Keynes, MK11 3LW, UK
UKHW020837120726
13693UKWH00002B/691